金商道

The positive thinker sees the invisible, feels the intangible,
and achieves the impossible.

惟正向思考者，能察於未見，感於無形，達於人所不能。 —— 佚名

最強影片行銷
71堂課

紐約時報讚譽的網路行銷大師，
教你完美運用影片拓展銷售藍海

The VISUAL SALE

How to Use Video to Explode Sales, Drive Marketing, and Grow Your Business in a Virtual World

泰勒‧雷薩德 Tyler Lessard 、馬可仕‧薛萊登 Marcus Sheridan ——著

陳筱宛——譯

C▶ntents

第 1 篇

歡迎來到視覺時代

第 2 篇

打造業務影片的技巧

第 3 篇

購買行為和行銷的變化

第 4 篇

在「認識階段」運用影片行銷

第 5 篇

在「考慮和決定階段」運用影片行銷

第 6 篇

在「售後階段」運用影片行銷

第 7 篇

打造自製影片的企業文化

每個人都是一家媒體公司

文｜藍諾導演

《最強影片行銷71堂課》是任何一家想在新世代裡成功的公司必須閱讀的書。作者泰勒・雷薩德（Tyler Lessard）、馬可仕・薛萊登（Marcus Sheridan）用淺顯易懂的方式溝通一個極新的思維——每個人都是媒體公司。

不管喜不喜歡或是接不接受，學會用影片溝通想法、創造流量、拓展業務、是最有效且最能讓人印象深刻的方式。

影片製作一點都不難

以往公司需要花費龐大的影片製作費用來完成一部影片，如今能拍攝「夠好」視覺內容的工具俯拾即是。好處是

大大降低公司投資影片的機會成本，而讓影片製作者有更多的機會嘗試新的影片溝通方式。也就是說，可口樂不再只是販賣飲料，Nike 不再只是販賣運動用品，麥當勞也不再只是販賣速食，世界上的任何一家公司都必須往媒體公司的方向前進。

然而以往的影片製作工作大部分都外包給影片製作公司，各家企業也習慣了這樣的做法。本書則鼓勵企業進行自己的影片製作工作，這樣能更快速而且低成本的完成宣導跟行銷工作。我覺得這樣的觀念實在太酷了！

以往當我受邀為客戶製作影片時，常覺得花費數十萬到數百萬的影片製作費用卻只換來一支不及時跟沒有溫度的影片，實在很可惜。這也是為什麼我將自己的公司規模維持在 10 人之內。這樣做可以減少與客戶之間的溝通成本，也可以更快速地執行專案。器材方面，我們大多使用一人即能操作的單眼攝影機、滑軌和穩定器。

以我們的經驗來說，拍攝一部成功的影片並不需要超級昂貴的器材。而我們也常用這樣的思維與客戶溝通，例如：一台要價百萬的 RED 攝影機拍攝一隻麻雀 VS 只要 3 萬元的 iPhone 拍到隕石撞擊地球，你覺得哪個畫面能夠製造最多的 IMPACT ？

影片的銷售能力跟器材並不成正比（當然現今仍有許多

很棒的影片需要高規格的硬體與軟體才能完成）。重要的是，如果希望能用影片增加曝光量跟銷售量必須拍出溫度、呈現即時性，並精準地與潛在客戶溝通，以上幾點正好是公司內部員工最拿手的。

也許不是每家公司都能購入攝影器材，但最重要的是接受「每人都是媒體」的概念，進而用影片的方式銷售自己。近期我也開始收到一些企業的工作坊邀約，希望我能將影片製作的精髓教導給他們的員工，讓員工可以自己進行影片的剪輯跟拍攝。

我們活在一個全新的時代，也許陌生，也許一切發生得太快。但也因為這樣才擁有無限的可能性。我曾認為我的公司是一間影片製作跟線上教育的公司，但後來才知道我們的能力遠遠大於影片製作，而是無遠弗屆的媒體公司。我們所拍出的每一格畫面都在闡述自己對這世界獨一無二的演繹。

當你認知到這件事的時候，請勇敢地拿起手機說出自己的故事。

（本文作者為專一影音有限公司導演）

序

讓全世界都相信你

　　若想從這部作品得到最多收穫，在開始閱讀前，你得先知道幾件基本的事。

　　事情是這樣的，雖然最近有許多關於公司「如何拍影片」的線上內容，然而，探討如何透過這種強大的媒體，讓事業、品牌和盈虧成長的書卻很罕見。

　　身為本書作者，泰勒・拉薩德和我（馬可仕・薛萊登）並不想寫另一本教你拍影片、建立 Instagram 之類的指南，而是想透過企業運用影片完成很棒，而且可以達成的真實案例，告訴你經過證實就能得到真實的成果。

　　我們的第一個目標是：提供大量點子，讓你知道影片可以為組織做些什麼？答案是銷售、行銷或顧客經驗。

　　我們的第二個目標是：讓你在讀完本書後，擁有一切所

需的基本工具、基礎知識以及方向。

事實是，除非你將閱讀本書學到的內容化為行動，否則我跟你全都算失敗。這也是為什麼我們會在 www.thevisualsale.com 上發展一系列訓練影片和範本的原因。請你去探索，更重要的是，使用它們。

撰寫一本探討影片的書並不容易。文字往往無法充分展現許多類型影片。更別提詳細介紹如設備、影片工具等技術，這對我們來說並不適合。因此，如果你想知道這些事，了解我們對每一項技術的最新推薦，請造訪 www.thevisualsale.com。

最後，無論你的公司是企業對企業（B2B）、企業對顧客（B2C）、服務導向或產品導向、規模大小，接下來介紹的原則與實務都能應用在你遇到的情境上，因為它們已經過證實可以普遍被應用的。

畢竟，**本書中真正探討的是「信任」**，就是它。

無論產業或規模大小，信任是所有事業的基石。在此，我們只討論如何運用影片產生更多信任。請對各種可能性保持開放的心態。你所在的產業從未有人這麼做，並不代表你不能成為產業中的第一人。

最後，因為我們非常認真看待你持續達到成功，歡迎回饋與提問。若想與泰勒聯絡，可以寄信到 tyler.lessard@vidyard.

com，如果想找我，可以寫信到 marcus@marcussheridan.com。

以下是比前人「展現它」更好的方法……。

你就是媒體

文／馬可仕・薛萊登

幾年前，我看到買家變得優柔寡斷，而大部分企業都無法迅速因應這樣的變化時，我的思緒繞以下想法打轉：

> ▶ 影片是購買過程的基礎，然而大多數公司似乎並不知道該如何處理這樣的變動。

並不是企業沒看見影片的威力，而是製作影片的這個想法——至少是由內部製作影片——對企業來說似乎完全不可行。此外，我也一再看見企業犯下同樣的錯誤。

他們花費成千上萬美元經費聘請影片製作公司，換來的只是幾支影片、行銷預算大坑，卻沒有太多成果可以展現。

想要讓企業相信以下這個事實：充滿數位商機的未來在

於擁有自製內容而無須外界協助的能力，我在我的數位銷售與行銷代理公司 IMPACT，對團隊提出下列這個問題：

「我們可以傳授企業如何創造自製影片的企業文化嗎？影片可以由業務團隊起頭，而且無須外包任何一部分就能完成影片嗎？」

大家的反應並不一致：「馬可仕，以前從來沒有人這樣做過。」

「如果我們不為客戶製作影片，我們是影片代理商，影片怎麼成為我們重要的商業模式呢？」

「大多數公司如果自己來做，就會失敗。」

我再次推進問題：「為什麼不行？我們難道不能成為第一家真正『教導』組織如何擁抱內部自製影片文化的企業嗎？而且為什麼不能有更多銷售與行銷團隊開始掌握媒體這種驚人的力量呢？這顯然是世界前進的方向，假如沒有其他人這麼做，會發生什麼事呢？結論是，這就是客戶需要的事。這就是我們該做的事。」

一段驚奇的旅程於焉展開。我們投入影片製作中，並決定教導它，正如我的第一本書《他們問，你回答》（*They Ask, You Answer*）當中傳授集客式銷售（inbound sales）和內容行銷（content marketing）那樣——從心中有銷售開始，其餘的事就會陸續到位。

而它確實會到位。

今日，全球各地已有數百家客戶擁抱真正的影片文化。

結果發現，企業想要控制數位命運的這件事上，我並不孤單，而且它確實有市場。許多的企業主和執行長和我都有同樣的感受——擁有影片將對未來成功至為關鍵。

更棒的是，影片是《他們問，你回答》的終極表達方式。買家想要影片。而且不只想要影片，還希望影片愈來愈清楚：他們喜歡透過觀看影片理解事物，更甚於單純閱讀說明文字。

接下來，將會回答關於影片的 3 道重要問題：

• 從銷售與行銷角度來看，什麼類型的影片真正能夠帶來成果？

• 有哪些 B2B 與 B2C 的企業案例運用影片，達到非凡的成功？

• 企業若想要打造持久的內部影片製作文化，必須要做的事是什麼？

請留意，我們無法在此回答你所有的疑問。不過會讓你清楚地知道，想要從影片看見迅速、強而有力，甚至是非凡的成果，你必須立刻在企業內部採取行動與步驟。

歡迎
來到視覺時代

▶

泰勒·拉薩德的要點提示

　　我並非一直都是個「用影片做生意的人」。老實說，我沒有接受過拍片或媒體的正式訓練，當我以行銷副總的身分加入 Vidyard 時，對於如何創作或發表線上影片，我毫無概念。雖然長久以來我一直強烈提倡運用影片做行銷，但直到開始錄製與編輯自己的私人內容，才真正體會到它完整的潛力。

　　2017 年夏天，領英（LinkedIn）宣布支援影音內容。LinkedIn 向來是我拓展人脈的重要管道，而且我知道影片很快就會接管一切，猶如它在臉書（Facebook）和推特（Twitter）那樣。可是要以 Vidyard 行銷副總的身分開始持續張貼影片，我知道在需求變得太過多之前，得降低對公司內部影片製作者的依賴。

　　因此，我學會如何利用手機、網路攝影機和運動攝影機 GoPro 捕捉「夠好」（good enough）的內容。我的兩個年紀最大的孩子（當時分別是 8 歲和 10 歲）教我使用 iMovie 的基本影片剪接功能。必須說，這是個非常挫辱的經驗！

　　我買了背景音樂庫，從 iMovie 畢業，改用更高階的編輯工具 Camtasia。除了為社群媒體創造內容之外，我開始在

家實驗，錄製簡短的影片並分享給親友。

驚人的是，沒多久我開始覺得錄製影片是很自然、有效率，而且無比有趣的事。

事情就這麼自然而然地發生了。

Marketo（B2B 行銷自動化雲端平台業者，現為 Adobe 旗下的一員）在 2017 年年初發起「無畏 50」（Fearless 50）獎項，表彰全世界最創新且大無畏的行銷專業人員。要報名這個獎項，被提名人必須在社群媒體分享一支影片，說明自己值得獎項肯定的原因。

當我點閱其他被提名人的影片時，注意到這些影片全都遵循一個相似的格式：他們在辦公室或家裡，透過網路攝影機，條理分明地說明。

這些全都是很棒的故事，但是只有極少數能讓人留下印象，而且沒有哪個可以讓人特別深刻記得。但我知道，有個機會能將「我為何是個無畏的行銷人員」的影片從「說明」的層次提升到「展現」。那就是拍出一支能讓我的 8 歲和 10 歲孩子都會感到驕傲的影片。

於是，我從最棒的行銷影片中下載片段，並且截取了最重要行銷活動的畫面。並找到謎幻樂團（Imagine Dragons）單曲《不顧一切》（*Whatever it Takes*）的純演奏版，當作影片的「鉤子」（hook）。

接著，填入自己寫的歌詞，描繪身為行銷人員，為了創造新的潛在顧客，我願「不顧一切」。坦白說，我不是塊唱歌的料。說得更直白些，我的歌聲非常、非常糟。

儘管如此，我把這些元素加入，用 1 分鐘影片毫不羞愧地把自己介紹給大家，這支影片逗得眾人大笑、鼓掌，以及廣為分享。

創造這支影片耗費我一個小時以上的時間嗎？沒錯。

這麼做的過程，我樂在其中嗎？當然。

我在「無畏 50」獎項當中贏得一席之地，這讓我的臉登上舊金山 30 英尺看板上。是啊，我做到了。

用創意拍影片的方法「展現」而非「說明」，娛樂觀眾，以及真心誠意地讓一切變得不同。直到今日，我都一直秉持著就算沒有預算，仍運用少許創意和一點點無畏精神，自己創作影片。

這開始了旅程的新階段，我不只是個影片行銷，也是影片銷售策略人員，更是個影片創作者，我運用視覺敘事與觀眾產生了連結。

因為商業世界說到底就是「人與人之間的連結」。這是我踏入職場後，從工程師到業務，再到今日的 Vidyard 行銷主管，學到最重要的一課。

我所謂的「人際交流」，指的並不是認識誰，或是追隨

者有多少人，而是建立在情感共鳴上的真實人際關係，以及從同事、潛在顧客和現有顧客那裡贏得最令人垂涎的獎項——信任。

每個厲害的銷售高手都知道關係與信任的力量。如果某個人認識你，喜歡你，甚至信任你，他們向你購買的機會就會大大增加。

然而在日漸虛擬化的世界裡，我們無法再仰賴面對面相會、打電話或靜態的內容打造人際關係。此外，你我全都明白，在危機期間，當保持社交距離和旅遊限制成為常態，數位通路（digital channels）也許是我們以真實的個人態度吸引客戶的唯一選項。

此外，若要說我在提供企業影音管理、創作及分析工具的供應商 Vidyard 服務的這 6 年期間學到什麼？那就是提到創造人際關係和贏得信任時，「影片」是僅次於親自到場的最佳選擇。

我和馬可仕聯手撰寫本書，為的是說明影片可以做為內容形式的力量，以及在這個數位時代裡企業該如何運用影片迅速成長。

我們想說的是：影片具有能為買賣雙方創造出「連結」的獨特能力。我們從協助數百家企業執行影片行銷和影片銷售策略的過程中，得到豐富經驗。

最重要的是，我們深信，那些可在今日迅速推行，無須花費額外預算，就能改變未來做生意方式的想法，才是最有價值的。

1

為什麼影片會奏效？

人人都愛觀賞影片，而這絕非祕密。

不過，為什麼我們這麼難以抗拒播放鍵，以及如何運用它促進業務成長？答案可能沒那麼明顯。

從 1950 年代電視進入家庭之後，在談到如何學習、分享想法，和娛樂時，影片一直是面對面以外的第二選擇。

影片是通往數不盡故事的窗戶，是重大事件的第一手觀點，也是獲得知識與學習的即時途徑。再者，只需要看看年輕世代如何消化、創造和分享影片，你就明白，無論在公、私生活，影片只會變得更為普遍。

其實我很幸運，在溫暖的家就有焦點團體：4 名年紀介於 4 到 12 歲的「數位暨影片原民」（digital and video natives），也就是「兒童」。我每天都親眼看見他們的內容

消費行為比起我的童年時期有多大的不同。

有一天，世代差異的鴻溝甚至大到讓我停下來思考，是否該撰寫本書說說此事！

那天，我 10 歲兒子艾力克（Alec）探頭查看我在忙什麼的時候，我正在書房撰寫這本書的草稿。

「我正在寫書，」我說。

當然，他的回應和大多數小孩對父母說的話如出一轍：「為什麼？」

我解釋，我有個特別機會可以學到很多有關影片與行銷的事，而想跟其他人分享這一切。突然間我領悟到，他問的不是「為什麼」要寫這本書，而是為什麼要「寫」一本書。

在他看來，為什麼我不選擇拍一支影片、錄一集 Podcast，或者弄一個聲音線上服務（voice-activated online service）來代替呢？某個可以播放，而不是閱讀的東西？

我明白你的意思。

我得聲明，我的孩子並非不閱讀，或是不喜歡好看的故事書。然而，談到學習、分享和娛樂時，如今他們比較喜歡影音媒體。

做家庭作業時，像是「嘿，Google，6 乘 9 是多少？」或「我們上 YouTube 找找看！」的說法愈來愈常聽見了。

我即將邁入「沉迷網路的青少年」行列的女兒艾蜜

莉（Amelie），每天使用抖音（Tik-Tok）、Instagram、Snapchat 和一堆如今包括「錄製」和「播放」按鍵的其他 APP 分享影片。艾力克把周末用來和朋友一起使用 iMovie 剪輯影片。我的 4 歲女兒茉莉葉（Juliette）會打開網飛（Netflix），找到自己想看的《佩佩豬》（*Peppa Pig*）。這一切全在幾秒內搞定。我的 7 歲兒子威廉（William）立志成為 YouTuber，而非消防隊員或工程師。

當學校和公司因新型冠狀病毒疫情而關閉時，幾乎所有的課堂教學和教材軟體全都瞬間轉變成線上影片，可說是在一夜之間就孕育出一整個新世代的「雲端視訊同步教學的 Z 世代」（ZOOMers）。

對他們來說，影片是簡單、迷人而且可預期的。從家長以及從企業領導人的立場來看，這些新的基本期待在未來幾年後將如何衝擊企業與顧客打交道的方式，是一件很令人著迷（有時也很駭人）的事。

視訊會議和 2 分鐘說明白（two-minute explainers）早已成為家常便飯。儘管如此，這不過是企業自製視覺年代的開端罷了，影片扮演十分重要的角色。

雖說「千禧世代」和「Z 世代」是在影片唾手可得且即時的時代中長大成人，但現實是，無論哪個世代全都生來熱愛影像內容。

根據尼爾森發表的《2018 年總體閱聽人報告》（*2018 Total Audience Report*）指出，美國成年人平均每天花上將近 6 個小時在電視、筆記型電腦、手機、平板，以及連網電視上觀賞影片。

再加上眾人每天耗費超過 10 億個小時在 YouTube 上觀看影片，使人開始意識到影片是如何深入日常生活。

以往影片製作與發布對大多數企業而言是個昂貴的方案，但如今在口袋裡揣著高解析度的錄影機，同時還有許多企業級的影片空間服務可以免費上手。

此刻在面前的機會是，利用影片吸引更多的潛在顧客、贏得信任，以及傳達卓越的顧客經驗，無論銷售對象是千禧或嬰兒潮世代，商務專業人士或一般消費者。

想精通行銷影片的藝術，了解對影片的需求旺盛的原因就很重要了。而熱愛影片的理由不只是喜愛娛樂這麼膚淺。

這個祕密存在人類生物學中，跟大腦如何處理不同形式的資訊有關。

2

影片的威力與 4 E

　　相較於純文字和靜態內容，影片是完全不一樣的媒體。不只是講述相同故事的不同方法；而是訴說更宏大故事的更豐富方式。它是說明複雜想法的完美媒體，是在情感層面上產生連結的最有效方法，也是談到建立信任時，僅次於當面說服的最佳方法。

　　影片的關鍵特質，也是讓它如此強有力的原因。可以用我稱為「影片 4 E」來輕鬆記憶：

　　一、**提供實用知識**（Educational）：它的處理速度更快，也更容易記住。

　　二、**自帶魅力**（Engaging）：它能說故事，而且牢牢抓住觀眾的注意力。

　　三、**激發強烈情感**（Emotional）：它能引發喜悅、期

待、信任和其他情緒。

四、**展現同理心**（Empathy）：它幫助我們在人性層面上欣賞並與他人產生連結。

很少有人否認這 4 E 對於吸引、改變買家想法，以及留住更多買家的重要性，而影片是最理想的做法。

▎ 影片能提供實用知識

我住在加拿大多倫多市郊，眾所皆知冬天時總會冷得有點難受。雖然我喜歡冬天晴朗早晨的新鮮冷空氣，卻不愛聽見車子出現快沒電的引擎發動聲。我還記得第一次在某個酷寒冬日清晨不得不跨接啟動救車的情景。

我一邊脫下手套，雙手凍僵，一邊擔心可能觸電致死並炸掉汽車，到現在仍記得那天做了什麼。我拿出可靠的黑莓機，搜尋「如何跨接救車」。接著，在兩個網頁閱讀說明步驟，有信心可以在不造成任何永久性傷害的前提下，解決這個問題。

「可是等等，」我心想。

「網頁說『連接到電瓶正極』，到底是什麼意思？我大

概知道什麼是電瓶樁頭，可是我真後悔高中時沒有修汽車維修課程。」

為了慎重起見，我到 YouTube 觀看另一支短影片，影片中確切示範了如何跨接救車。示範人員拿著真正的救車線應用在真正的汽車上。最重要的是，車子沒有爆炸。

多虧了那支影片，我清楚看見完成任務的方法，不至於錯失任何重點。直到今日，仍舊能在腦海看見線上救星將紅對紅、黑對黑的電線連結，接著聽見引擎的低吼聲。

這些視覺畫面提供了清晰、高度信任，以及簡單話語無法做到、令人難忘的說明。

有許多理由使影片成為得知新主題最有效且最難忘的方法。根據最近研究指出，人腦處理視覺資訊的速度比處理文字資訊快 6 萬倍。表示相較於花 10 分鐘或更久的時間閱讀文字，觀看一支 60 秒影片能學到更多。想想看，這對忙碌的潛在客戶和顧客意味著什麼？他們只能抽出有限的時間了解你的解決方案。

人類也會將視覺資訊儲存在長期記憶中，而非短期記憶裡，這是人類這個物種能存續的關鍵要素，而文字處理則是發生在短期記憶中。

此外，就像我的例子一樣，無論想知道的是救車線、住宅產險，或是業務團隊的最新人工智慧技術，影片都能提

供，清楚看見執行、樣貌、過程的機會。

影片自帶魅力

想想出色的故事力量，讓故事在大小螢幕上活靈活現。無論是邊看電影《鐵達尼號》（*Titanic*）邊哭，在哈利波特擊敗佛地魔時雀躍不已，或只是必須知道影集《冰與火之歌》（*Game of Thrones*）劇情如何發展，每次無數次深受某個精采故事吸引時，都感覺自己應該繼續看下去。

大腦天生就受到故事的敘事手法吸引。

研究指出，人類本能地受到視覺故事的吸引，因為數百萬年以來，這是處理最重要資訊的方法。對大腦來說，故事就像是健康的糖果，因此，就算瘋狂追完一整季的《良善之地》（*The Good Place*），也無須感到內疚。

具有運動感和變化感的內容也更有可能吸引持續注意力。臉書近期針對「影片說服力」進行的研究發現，相較於靜態的文字，人們目不轉睛盯著社群動態（social feeds）影片看的時間有 5 倍長。在 IG 上，一張簡單的局部動態攝影照片（cinemagraph，一種會微微移動的靜態影像）能引起注意的時間長度是同類靜態影像的 2 倍。

結論是，如果想要吸引人們注意你的故事，而且是關注更久的時間，影片是最佳選擇。

影片能激發強烈情感

幾年前，美國防止虐待動物協會（The American Society for the Prevention of Cruelty to Animals, ASPCA）發布了一支強有力的廣告，將無家可歸的流浪貓狗剪輯在一起，還配上無比悲傷的背景音樂。

這支廣告不只令人難忘，對 ASPCA 來說也大獲成功，在發布後的前 2 年，就為 ASPCA 募到 3 千萬美元捐款。

這支影片不僅讓成千上萬的民眾充分意識到這個問題，身為最可愛法鬥的驕傲飼主，它也格外地打動我。

這項 ASPCA 宣傳之所以成功，毫無疑問地可以歸功於它成功地喚起觀眾的情感，以及它如何使觀眾願意投資。即便事業與拯救生命或營救動物沒有任何相關，也有數不盡的方法能夠以創意說故事的方式去激發觀眾情緒，進而得到美好結果。

數十年來的研究顯示，情緒能對人類做決策產生重大影響，也能激勵閱聽大眾採取行動。假如悲傷不適合你的品

牌，不妨試試幽默、喜悅、信任、期待或驚奇，做為連結情感的橋樑。

Adobe 的〈殘酷大街〉（Mean Streets）影片，描寫一個走投無路的行銷長在全然錯誤的地方尋找點擊數（想想影片中的暗巷和可疑人物兜售假的按讚次數和觀看次數），是個令人噴飯、很到位的範例。它展現正確運用幽默的成效多麼顯著，尤其是 B2B 廣告的受眾對此毫無任何期待時。

Adobe〈殘酷大街〉廣告影片

影片能展現同理心

精準行銷（account-based marketing）軟體解決方案的領先供應商 Terminus 在銷售流程中，開始嘗試採用個人預錄影片。

除了一如往常地透過電子郵件和電話推廣之外，業務代表開始運用網路攝影機錄製短片，向新的潛在客戶自我介

紹。這些影片提供以真人形式建立連結的機會，同時，透過圖像和肢體語言，證明他們了解客戶現在正面臨的問題。

回應率不僅大增 300%，也發現潛在客戶回應的口吻變得更為輕鬆隨意且個人。除此之外，預訂的會議數量上升，而未出席和取消會議的數目下降。這可歸因於買賣雙方建立了同理心和連結，在早期銷售流程產生更牢靠的信任感。

簡而言之，人們理解而且信任的是人，而不是品牌、手冊或電子郵件地址。

有效且巧妙地運用影片 4 E，能幫任何品牌及任何人迅速擴大銷售、推動行銷，並以前所未有的速度拓展業務。

3

我展示，故我存在

思科（Cisco）最近的研究發現，放眼全球，在 2022 年前，影片流量將占所有消費者網路流量的 82%，高於 2017 年的 75%。

換句話說，在網路瀏覽各種內容時，絕大多數是影片。

聽見這樣的統計數字，很容易會立刻拒絕接受，認定那不過是曇花一現的趨勢，很快就會消失。其實常有人跟我說「我才不看網路的影片呢，如果我不看，為什麼我的顧客會想看呢？」，說這種話的人多到令我震驚。

如果要說過去 10 年來，我在持續創造數百件成功的數位行銷案例當中學到什麼，那就是：**我們不該讓個人意見搞砸聰明的商業選擇。**

此刻，無論我們是否喜歡影片、平常是否觀看影片，或者能否想像顧客觀看影片，都無關緊要。市場形勢已豁然明朗；影片當道的走勢短期內都不會放緩。

不過，再次回到 82% 這個統計數據，可以問自己一個重要的問題：**此時此刻，你的網站有多少比例是以影片為主？**

假如跟我交談過的大多數組織一樣，答案可能會落在 10% 或更少的範圍內。這也許讓你覺得毫無希望，不過大可放心，假如你落在 0 到 10% 之間，競爭對手也在陪你。

現在正是欣然接受影片與視覺銷售（visual selling）的最好時機，這些努力將帶來所有的好處。但是為了做到這一點，你不能消極被動。

讓我重複一遍：**說到影片，你絕不能消極被動；消極被動不能解決問題。**

別誤會。我並不是說得買下影片製作公司才能成功。而是必須在組織內部扮演催化者角色，改變大家如何看待未來，以及影片對未來發展會帶來何等影響的看法。

出於這個目的，我們教 IMPACT 公司的所有讀者與客戶，還有合著者泰勒‧拉薩德採取的心態是：**無論喜不喜歡，每一個人都是媒體公司。**

舉例來說，我的游泳池公司 River Pools 是媒體公司，只是碰巧販售的是游泳池。Vidyard 是媒體公司，只是碰巧為

企業提供一個平台，讓企業建立起影片的銷售與行銷文化。同樣的，這個道理也適用於你的事業。

我知道這聽起來自相矛盾，可是，考慮到今天網路上的買家的需要與想像，這是必須做出的發展，無可避免。

從承認自己是「媒體公司」的那一刻起，就會開始做出與過去截然不同的決策。可是，要把自己視為一家媒體公司，首先得具備一種基本的理念與心態：**除非展示出來，否則就不存在**。花 1 秒鐘想想這句話。你是否只陳述，而不是展示？

媒體公司了解，只要展示愈多，買家就愈能意識到企業的透明度和教學意願，試圖贏得的信任感也將隨之而來。這種心態和理念應該遍布事業的每個角落，尤其是銷售、行銷和顧客體驗。

為了幫助你，我們將拆解媒體公司的基本重點，並確切說明如何在組織內部創造出影片文化。是的，你沒眼花——組織內部。畢竟，你可是一家媒體公司，對吧？

好了，現在已經介紹過影片的「為什麼」，以及使影片威力如此強大的原因，接下來進入最重要的部分。

首先，我會探討業務團隊如何將影片運用在日常銷售流程，然後泰勒會深入分析行銷團隊如何將影片融入在工作的每個面向。

打造業務影片
的技巧

馬可仕·薛萊登的要點提示

我以前是個泳池業務。

「等一下，泳池業務懂影片嗎？」

這是個合理的問題，不過在認定接下來的內容不值一讀之前，我想請你至少再多堅持幾頁。

你瞧，我的工作多年來照章行事，了無新意。打算建造泳池的顧客會致電到我的公司 River Pools and Spas。然後懷著賣游泳池的想法，開上很遠的車到客戶家。

大多數時候會聽見後院有個孩子大喊：「爸、媽，泳池公司的人來了！」（如果某個家庭考慮在後院蓋游泳池，你放心好了，孩子們都知道「泳池公司的人」將要遠道來訪。就像是聖誕老人進城。）

沒錯，那就是我。只是個泳池公司的人。沒有名字。沒有臉孔。

可是在採用「視覺銷售」的理念後，一切都改變了。

在我敲門那一刻，後院有個小孩說：「爸、媽，影片裡的那個人來了！」

我大吃一驚。這孩子認得我的臉。我不只是泳池公司的人，我比那有價值多了，而且是非常多。但是這個故事不止

於此。

　　大約 1 年後，在我擔任泳池業務的最後時光（今日我仍然以幕後合夥人的身分擁有這家公司）我因為業務邀約來到某戶門口，一件非常神奇的事情發生了。

　　「爸、媽，影片裡的馬可仕來了。」

　　我有名字，我有臉孔，他們認得我！想想，這場業務拜訪會跟其他的一樣嗎？當然不一樣，完全不同。

　　不需要耗費大部分時間建立關係並打造信任感。他們已經知道我是誰，所以早就過了那個階段。一切進展得更快。一切進行得更順利。一切變得更有成效。

　　最後這家人訂下游泳池。那天晚上。毫無猶豫。不需要「再多了解幾種規格的報價」。已經來到做決策的臨門一腳，無須額外的仔細說明或其他步驟，這全都要感謝我在銷售流程中積極使用影片。正是這個經驗讓我看清一個明確的現實：

> ▶ 視覺銷售是真實的。

4

會對銷售和成交率立刻產生衝擊的 6 支影片

前面已經說過，營造信任感是企業運用任何形式影片的核心。一旦建立起信任，並提出「為什麼選擇影片？」問題，答案永遠應該從銷售業務開始，而非行銷。

無論從事的是 B2B、B2C、服務、產品、電子商務等等，目標是引發足夠的信任感，為組織完成更多銷售。

這就是為什麼業務團隊應該覺得，每支影片都是工具箱中的工具，能幫他們更靠近目標。事實上，聽說影片行銷團隊又製作了另一支影片時，他們應該感到無比興奮。

可惜，當影片企畫製作內容時，往往沒有聚焦在真正能產生最大投資報酬率和信任感的事物。結果，業務團隊往往相信，那些影片是「行銷的自吹自擂」，在銷售流程中一點用處也沒有。

例如，大多數公司首先投入製作的第一支影片是「關於我們」影片。

沒錯，有「關於我們」影片也許不賴，可是，上一回聽見業務團隊說「我等不及用新的『關於我們』影片簡報了」這句話是什麼時候呢？

恐怕從未發生過。

他們想要的內容是能克服潛在客戶的疑慮、處理常見的困擾，以及清楚回答買家問題。

在後面的章節裡，泰勒會深入探討對應於傳統「買家漏斗」（buyer's funnel）每個階段的行銷影片。但是談到協助業務團隊，跟接下來即將讀到的許多行銷影片不同，永遠先將焦點擺在漏斗的底部。換句話說，買家真正想知道的究竟是什麼？

此外，如果組織要投入時間、精力和資源到影片製作中，財務長、稽核人員，或會計人員最終會提出關鍵問題：「這些影片有沒有幫我們賺錢？」

假如答案是「沒有」或「我不確定」，問題就嚴重了。

「關於我們」影片就是「我不確定」最好的例子。即使立意良善，如果價值無法得到證明，終究會被中止或刪除。這就是為什麼在理想狀況上，業務團隊應該要說，「如果沒有錄製這個影片內容，我就無法有效率地談成生意。」

另外，潛在客戶應該會極力讚美影片在他們的購買決策過程中多麼有幫助。

　　若非如此，我們再次出現問題了。假如，你同意現在應該拍攝影片協助業務團隊，而你也準備好開始動手了。接下來呢？

　　下列為銷售而拍攝的一系列影片開始派上用場了。這些是 IMPACT 團隊花了好幾年（以及數百個 B2C 和 B2B 客戶個案研究）才創造出來的影片。

　　過去我們和這些客戶走在無人涉足過的領域，教他們如何在內部自製影片，大多數客戶需要立竿見影的成效，否則便會終止此事，這很合情合理。

　　因此這些影片必須產生直接收益，也就是銷售業績。一旦看過之後，最初的反應可能是，「OK，這是很容易處理的問題。但為什麼不早點這麼做？」這在商業活動中很常見，我們常把簡單的事實過度複雜化。

5

80% 影片

如果你問大多數業務團隊，在業務拜訪時，他們被問到完全相同問題的比例有多少，絕大多數業務給你的數字會落在 70% 到 90% 之間。

這是因為業務團隊得日復一日，一再回答相同的問題。這行為可能會讓人衰老不少。

如果你問任何一個業務人員，「當你被問到什麼問題，就知道這個潛在客戶顯然還沒準備要買？」

他們會朗誦出一長串問題。做過業務一段時間的人都很了解這種狀況。

但是，假如每回進行業務拜訪時，潛在客戶不僅已經知道那些常見問題的答案了，也從你那兒看過、聽過及得知，事情又會如何進展呢？

是的，業務會議的成果將會驚人地豐碩！而且不只是成果更豐碩，會議時間也會大幅縮短！

這一來，你不必再花大量時間回答那些常見問題，而是能將對話聚焦在這位潛在客戶的特定需求和特定狀況。

不必再花大量時間，在會議開端努力建立信任關係，因為早在和這名潛在客戶握手前，信任關係早已建立了。

這就是為什麼 80% 影片對銷售成功如此重要。

付諸行動

拍攝 80% 影片的過程很簡單：

• 透過腦力激盪，列出最重要產品／服務。最終，為每項最重要的產品／服務創造一支 80% 影片。

• 請業務團隊（或任何與潛在客戶做買賣的人）腦力激盪想出，在業務拜訪中，關於特定產品或服務最常被問到的問題是什麼。至少想出 10 題。

• 腦力激盪後，將問題清單縮減到最前面的 7 個問題。這些將會構成核心 80% 影片內容。（多於或少於 7 道問題？答案是「可以」。只是 7 個問題對客戶而言是最有成效的數字。）

- 用 7 支影片回答上述 7 道問題。這支影片可以上傳到貴公司的 YouTube 頁面上，並且運用在任何可能有助於買家的地方。
- 將這 7 支影片組合成一支長版影片。這就是你的 80% 影片。
- 將這支影片交到業務團隊手中，整合進銷售流程中，核心目標是讓潛在客戶在首次見面之前就看過這支影片。

可以想見，只要處理得當，80% 影片將會非常有成效。大多數客戶或觀眾此時心裡可能會有某些疑問。這支影片如此重要，以下將花點時間回答可能遇見的各種問題。

請不要略過下列這段文字：了解這些看似「微不足道的」細節，將會帶來獲得巨大成功或落得極差的懸殊差異。

80% 影片的常見問題

一、80% 影片應該多長？潛在客戶想看那麼長的影片嗎？

網路發展史上最可笑的統計數據是，「所有的影片應該簡短」或「所有的影片應該少於 90 秒」的想法。

沒錯，當影片長度超過 90 秒，觀看率會下降，這是真

的。但是觀賞影片的前 3 秒後，觀看率同樣會下降。難道這意味著所有影片的長度應該是 3 秒長？當然不是。

IMPACT 公司的理念很簡單（泰勒與 Vidyard 團隊也同意這個觀點），數百個客戶靠著以下想法運作得很順利：**盡可能簡潔，但充分地回答問題**。

是的，你沒看錯。我們希望這些影片的溝通方式很簡潔，切題、清楚、單刀直入。但也希望內容夠充實，讓潛在客戶看完影片時能說，「太棒了！現在我懂了。」

只要遵循這個概念，就不必花時間爭辯「這支影片應該多長？」這種令人心煩的問題，而是開始著手製作影片。

提到影片的最適當長度，最重要的影響因素就是買家正處於銷售週期的哪個階段。舉例來說，如果昨晚才開始思考購買游泳池，可能只想就這個主題觀看短短的影片，或是閱讀更短的內容。

但是，假如知道業務人員明天會來家裡，而你可能會簽下合約購買價值 5 到 10 萬美元的游泳池，你可能不只想看一支長版影片而已。

其實，River Pools 公司的客戶在下單前，平均觀看 River Pools 公司製作的影片超過 20 分鐘以上。

其他產業也發現這種買家觀看時間的趨勢，不只是跟價格有關。更重要的是，價格不是最能影響某人願意看多少影

片的變數。

最重要的變數反而是：他們害怕做出錯誤決定的恐懼有多強烈？當害怕做出錯誤決策時，我們會花費很多時間，一直到對自己的購買選擇感到安心為止。這就是數位時代的事實。

二、應該安排某個人或多人在 80% 影片中擔任專家嗎？

製作任何影片的主要目標是，讓溝通清楚、有效而且提供幫助。假如這意味著得從員工選出擅長這個主題的人，當然可以這麼做。

但在理想的狀態下，貴公司的多位領域專家在影片中扮演重要角色，往往能給觀眾留下非常深刻的印象。

這並不是非做不可，但確實會產生重大影響。

你也會發現，某些業務員想要為潛在客戶創造他們的 80% 影片。確實有道理，而且只要影片品質符合貴公司的品牌標準，這是件好事。

這同時也能為其他成員樹立榜樣，因為團隊中有人這樣做，超越了在人際關係中快速建立起可靠的信任感。

三、假如產品或服務超過數百種（甚至數千種），該怎麼辦？必須為每一種產品／服務都拍攝一支影片嗎？

如果貴公司販售數百種產品，顯然不大可能創造數百支80% 影片。當然，假如確實提供多種產品與服務，請自問下列 2 個問題：

• 我們販售的哪些 20% 產品／服務產生 80% 營收？（82 法則）

• 對組織來說，什麼產品／服務具有最大的未開發潛力與機會？

只要回答這 2 個問題，你就會很清楚地知道哪個產品與服務應該列入最優先考量。

四、如何確保更多潛在客戶在見面前看過這支影片？

大多數業務團隊還在努力學習如何在銷售流程中適當運用內容（可以是文字、影片、Podcast 等等）。舉例來說，他們常運用沒有說服力的說法，邀請潛在客戶觀看影片。例如：「我們的網站上有幾支很棒的影片。如果你能夠抽空在下次見面前先看個一兩支，那就太好了。」

那樣說不會有任何效果。那是消極勸說。相反的，業務團隊可以仿效下面這套理想的說詞：

「瓊斯先生，我知道我們碰面討論（產品／服務）時，不浪費你寶貴的時間對你很重要。不只如此，我想可以肯定

地說，你不想在這過程中犯下任何錯誤。

為了確保你不會犯下常見錯誤，我們製作了一支影片，說明做這類決策時人們會遇到的 7 大問題與擔憂。

觀看這支影片能為你節省時間和金錢，消除犯下可能的購買錯誤的壓力，還能大幅提升會面時的生產力和效率。

能否請你在周五見面前花點時間觀賞這支影片呢？」

這名業務從買家的需要和期望切入，清楚說明影片的價值。此外，呼籲很直接而且具有時效性。

五、這支影片可以用在顧客服務上嗎？

你不僅可以將 80% 影片用在顧客服務部門，而且絕對應該這麼做。運用影片向顧客快速展示如何修正或解決他們的問題，每年能省下成千上萬美元的不必要開銷。

要做到這一點，找出提供的主要產品與服務最常發生的 80% 顧客服務問題。接著，運用這些影片做為新顧客熟悉產品／服務的「整套購買方案」的一部分。

六、如何應用在沒有「業務人員」的電商上面？

許多公司認為他們是電子商務，所以 80% 影片的概念不適用於他們。這與事實完全不符。在理想的狀態下，電

商的每項主力產品旁邊都該有一支 80% 影片，方便隨時觀看，以便解決最迫切的疑問和擔憂。

七、這些影片應該用「特寫鏡頭」，或者必須有更高的製作水準？

永遠記得，談到提供實用知識的影片，「一些」勝過「一點也沒有」。換句話說，一支簡單的特寫鏡頭影片，遠比一支強有力、製作導向，卻從未發表的影片更有成效，因為後者將會迷失在製作的煉獄當中。

儘管如此，時間久了，你會想要改善 80% 影片，尤其是採用第二個鏡頭（產品或服務，甚至是員工的畫面），無論想向觀眾說明任何事，都能得到更清晰的視覺效果。

別害怕從簡單開始，自然地持續進步與成長。

八、企業製作 80% 影片時最常見的錯誤是什麼？

你可能從本書其他內容推斷，企業製作 80% 影片時犯下的最大錯誤是，把過程過度複雜化。這通常發生在企業忙著像企業一般思考，卻不像真實買家思考。（同樣的規則也適用於本書提到的其他影片。）

良好的溝通，在任何影片中，特別是在 80% 影片裡，會具備一種氛圍（口氣），聽起來像是：

「如果你正在考慮　　　　　　，我們知道你有疑問，甚至會有擔憂。不過，你可以停止擔心，因為這就是我們製作這支影片的理由。我們希望你能掌握消息。也希望你能放輕鬆。那麼，讓我們一起對付這些擔憂。看完這支影片後，你對心中的疑問應該會有更充分的理解。」

企業會犯的其他重大錯誤是，陳述問題的方式跟買家不同，只是用企業觀點去說明。看個簡短例子：假設你要賣一座游泳池。

錯誤做法：「為什麼裝設跳板是個壞主意？」

正確做法：「裝設跳板對我和家人來說是正確的選擇嗎？」

你是否注意到，第一種說法偏袒一方，帶有明確陳述的意見。第二種說法的心態是開放的，而且不偏不倚，正是潛在買家爭論該不該裝設跳板時，心中會出現的問法。

九、80% 影片可以用在整個銷售流程，不只是第一次業務見面之前嗎？

當然可以！這種影片最棒的好處就是，它對沒有出現在面對面銷售對話的其他決策者也有影響力。

銷售沒有成功經常是因為「傳訊者」，也就是真正與業務員談話的那個人，無法向其他決策者說明產品或服務的價

值，或是提出核心疑問。

我曾看見許多這種情形。例如，假設配偶某一方出席了一場業務會面，但另一方沒有到場。當這種狀況發生時，出席者得說明（進而銷售）產品特色、好處、價值主張等等。

你完全可以想像，這是業務員最糟的惡夢，也是貌似「高潛力潛在顧客」可能迅速冷卻的最大理由。

適當地借力使力，80% 影片絕對能夠而且應該填補這個空白。

6

放在電子郵件
簽名檔的小傳影片

　　如果處理得宜，影片最重要的部分會以強有力的方式讓你的事業變得人性化。

　　在理想的狀態下，也就是把影片運用得很好，讓潛在顧客與買家在第一次握手發生前，就能看見、聽見，並且認識你和同事。

　　為了做到這一點，其中最好也最簡單的方法是，為業務團隊成員（或因業務而會面對顧客的任何員工）創造這裡稱之為「小傳」的影片。一支小傳影片能達到 2 個目的：

　　• 它說明這個人為這家公司做什麼，以及為什麼選擇這一行。

　　• 它也提供少許個人資訊，比如工作之餘會做什麼。

一般來說，在一支簡短影片，90 到 120 秒長當中混合一點私人與專業資訊，現在你有能力在早期銷售流程透過影像自我介紹。

雖然這支影片可以用在各種不同地方，比方放在公司網站的「團隊成員」或「關於我們」頁面，但是我們發現，**能將這支影片效力發揮到最大的地方是電子郵件簽名檔。**

電子郵件簽名檔是明顯未被充分利用而且未得到充分重視的「數位不動產」，特別是做為銷售與行銷工具。可是只要適當利用，他們的好處將會非常可觀。

觀察典型的電子郵件簽名檔，大多數人會列出基本事項：姓名、公司、連絡資訊、社群媒體檔案，還可能附上一張大頭照。只要在這個簽名檔中也放上小傳影片，運用一張清楚的縮圖代表它是一支影片，就是給電子郵件收件者一個機會，從更加視覺化、更為人性的層面認識你。

隨著我們協助世界各地的業務團隊採用這些簡單的影片，我們發現，把它納入電子郵件簽名檔後，平均每個月會有 25 到 30 次的額外觀看次數。

想一想，那代表現在有 25 到 30 個人知道你的名字、你的長相、你的聲音，還有你的故事。

我們全都聽過無數次，我們「會向那些認識、喜愛與信任的人買東西」。運用得宜時，小傳影片能讓你和潛在顧客

之間有更親密的連結，幫助大幅提升成交的可能性。（想知道帶有影片的適當電子郵件簽名檔的模樣嗎？寄封電子郵件到 marcus@marcussheridan.com，就會收到我的簽名檔。）

有關小傳影片的常見問題

一、哪些人應該要有小傳影片？哪些類型或哪些職務？

建議業務團隊的每個成員都要有小傳影片。因為建立關係是銷售業務很重要的一環，這才合理。其他直接和顧客打交道的員工，還有重要管理階層成員，也都應該認真考慮使用小傳影片。

二、小傳影片還可以放在哪裡地方？

除了電子郵件簽名檔外，放置這種影片的最佳場合是在貴公司網站的「關於我們」和「團隊」頁面上。其實，在特定產業中，例如製藥公司或健康照護公司，「認識團隊」頁面往往是整個網站中最常被瀏覽的頁面。另外，員工應該將這支影片放進他們的社群媒體頻道，尤其是 LinkedIn。

三、可以讓員工用手機製作嗎？還是需要加入一點元素？

泰勒和我總是主張,無論拍出來的影片看來多簡單或多初級,嘗試拍(以及學習)影片對任何組織與員工都是件好事。儘管如此,如果你有選擇,能讓這些影片看起來感覺更加專業,你當然該那樣做。只不過,**千萬別讓追求完美阻礙了開始動手的能力。**

7

適合度影片

談到大多數組織的網站，「產品」或「服務」頁面通常是全站流量最多的頁面。

這些頁面的設計方式，至少從傳送訊息的觀點來看，往往充滿瑕疵。為什麼呢？因為這些頁面全都一味吹捧為什麼它們的產品或服務很棒、它是什麼、它能做什麼等等。

但是對於了解買家真正思考方式的公司來說，有不可或缺的第二資訊必須被放進這個頁面，那就是：**這項產品或服務「不適合」誰？**

是的，你沒看錯，不適合。你可能會納悶為什麼。

這個嘛，我們願意以公司的身分說出我們「不是什麼」的那一刻，對目標受眾來說，恰好是我們突然變得極度具有吸引力的時刻。

這就是產品或服務適合度影片的關鍵所在。它用最誠實且最淺顯易懂的方式，說明這個產品適合或不適合誰。

有關適合度影片的常見問題

一、它可以運用在產品或服務網頁以外嗎？

可以！那就是這些影片的好處。它們最有效的使用案例往往是由業務團隊發現的，因為業務團隊在銷售流程的不同階段借助影片的力量。

二、適合度影片的片長應該多長？

不同於 80% 影片必須處理多重問題，產品或服務適合度影片只處理 2 個問題：誰或什麼適合？還有誰或什麼不適合？因此在大多數案例中，這種影片會短於 5 分鐘。按照慣例，這個數字會依照答案的複雜程度而有劇烈變化。

三、企業在適合度影片上會犯的最大錯誤是什麼？

客戶實施適合度影片時遭遇的最大問題，都跟傳遞訊息的語氣有關。為了理解我說的語氣是什麼，看看下列玻璃纖維泳池一正一反的範例。

正面：

「你可能會問自己，玻璃纖維泳池適合我嗎？問得好！這是個重要的問題，因為這是泳池放進定位後不能再反悔的那種決策。玻璃纖維泳池跟任何種類的泳池一樣，有優點也有缺點。

例如，泳池的缸體寬度需小於 16 英尺寬，長度也需小於 40 英尺長，有清楚的尺寸限制。此外，由於這是利用預先設計好的「模組」所製造的泳池，除了現有型號以外，不能客製化泳池的形狀、尺寸、深度等等。

不過，假如想找一款好照顧，尺寸小於 16 乘 40 英尺且不超過 8 英尺深的泳池，而且能找到符合需求的形狀，那麼玻璃纖維泳池就很適合你。」

反面：

「你可能會問：『為什麼我應該考慮玻璃纖維泳池？』這個嘛，理由很明顯。它們很好照顧，不必重新粉刷或更換內襯，而且安裝速度也快過其他任何種類的泳池。

不過，假如你不在乎花上一整天清理泳池，而且想要其他類型泳池帶來的額外負擔，玻璃纖維泳池可能不是最適合你的選擇。」

但願你能看見這 2 個範例在內容、語氣和風格上的明顯差異。

本書曾多次強調，**歸根究柢，一切都跟信任有關**。如果能帶來更多信任，你說話的口氣就是對的。可是如果語氣傲慢、不老實或疏忽無法做到這一點，這樣做顯然對公司或顧客都不好。

8

成本與定價影片

記住，欣然接受影片文化的主要目的是為業務團隊帶來實質改變，這就是考慮「該不該在網站和內容中討論成本與價格」時，必須記得初衷的原因。

至於問題的答案，絕對是肯定的。雖然無法深入探究其中的心理因素，但不妨想想：業務團隊每個月有多少次必須為「某個東西為什麼值得那麼多錢」提供合理解釋？

問題是，消費者對「成本」問題進行了大量研究，而且除非有人在銷售流程前端（在與業務員交談前）向他們說明如何定義「價值」，否則無知就會占上風。當無知占了上風，打價格戰爭就成了唯一的結果。

為了對抗這樣的發展，必須樂於討論和講授成本、價格、費率等等。想要正確探討成本與定價的影片應該：

- 討論會讓產品或服務成本上升或下降的所有因素。

- 討論市場，也就是為什麼類似產品或服務比較便宜、昂貴等等。

- 談論產品或服務，以及為什麼它得耗費那樣的成本。（雖然不需要揭露確切定價，但是必須說明價值主張，至少讓買家有個大概的期待值。）

前面曾討論過，在銷售流程使用影片的一大好處是，克服業務無法與所有決策者充分討論所產生的溝通隔閡。

相較於由「傳訊者」向其他決策者說明自己與業務員會面時聽到的內容，這支影片能對這項產品的總體價值提出更合理的解釋。

▌「成本與定價影片」常見的問題

一、「這要多少錢」的問題不是應該屬於 80% 影片嗎？

當然可以在 80% 影片中處理某個東西要價多少，可是我一再發現，了解成本是購買過程中極為關鍵的一部分，它值得有自己的影片。

透過製作單一影片，深入探討成本、價值、因素等等，

可以讓買家充分了解相關議題，而且在過程中營造出很大的信任感。另外，由於它獨立成篇，內容非常具體，因此可以在搜尋、社交等有更多表現更好的機會。

二、成本影片的片長該有多長？

這裡所提到的所有業務影片當中，這支影片的長度差異最大。根據過去協助客戶製作出成效卓越的成本影片來看，有的長度少於 2 分鐘，有的則超過 10 分鐘長。**再次重申：盡可能簡潔但充分地回答問題。**

三、成本影片應該要多明確？

對成本與價格來說「明確」永遠是件好事。舉例來說，過去製造商從來不會提到定價，因為他們認為，那會讓潛在零售商或經銷商不開心。但是時代已經改變了，這就是為什麼愈來愈多的製造商會在他們的網站上標示廠商建議零售價，因為可以為末端買家建立起務實期待。

IMPACT 公司有許多客戶嘗試這麼做，我可以告訴你，一家公司願意愈明確地答覆有關成本和定價的問題，那麼信任、客戶，以及最終營收也會增長得愈多。

四、應該製作幾支成本影片？

對於販售的每一項主要產品或服務，至少要有一支影片具體提到成本、價格與價值。

「可是假如販賣幾百種產品與服務呢？」

若是那樣，就從對貴公司盈虧影響（或潛在影響）最大的產品或服務開始。接著往下做。

9

消費者旅程影片

在數位時代，大多數公司在網站上至少都有某種「社會認同」，包括顧客心聲、證言推薦、書面個案研究等等。儘管這些在贏得買家信任上都有幫助而且相關，但是什麼都比不上一支真實的「消費者旅程影片」。

我們稱之為「消費者旅程」影片，是因為這個想法遵循「英雄旅程」（hero's journey）原則。這是電影製作人和說故事者，比如迪士尼（Disney）自古以來運用的手法。

傳統的英雄旅程有 12 小段。然而在顧客的背景之下，這趟旅程可以被簡化為 3 個主要階段：

第 1 階段：顧客遇到一個問題，像是需求、壓力、擔心、憂慮或議題。

第 2 階段：他們踏上旅程，企圖解決問題。（在大多

數案例中，這是顧客與貴公司一起同行的旅程。）

第 3 階段：他們如今身在何處，以及之前如何靠你的幫忙解決了問題。（從此，每個人都過著幸福快樂的日子。）

這支影片的目的是讓觀眾邊看邊在心裡想著：「他們就像我。他們面對的正是我眼前的這個問題，看看他們是怎麼解決的！」換句話說，出於同情、同理，還有彼此理解，觀眾會「從頭到尾點頭」同意。當然，讀到這裡，你也許會說，『啊不然咧』，馬可仕，這不是常識嗎？」

然而，大多數公司沒有製作像這樣的影片。實際情況是，這麼做的公司少之又少，主要是因為組織沒有考慮過這類影片，或是認為很難說服顧客同意這麼做。

不過我們的經驗是，在大多數產業中，如果企業把工作做得很好，解決了顧客問題或處理需求，許多顧客完全樂意為企業錄製這類影片，而且錄製過程也會簡單又順暢。

再一次，這些影片成功的關鍵是業務團隊有意地將它們融入銷售流程中。其實，我遇過好幾次這樣的狀況，本來潛在顧客只是觀望，但是看過消費者旅程影片之後，他們能理解、產生共鳴，顧客決定進行簽約。再一次，這就是視覺銷售的好處。請注意：將顧客的影像用在影片上時，永遠記得先取得顧客的書面同意。

10

「我們聲明」影片

　　每家企業都喜歡用各種說法包裝自己。業務人員向潛在顧客簡報時，也時常會做出相同的聲明。例如：

　　「我們是最棒的_____。」

　　「我們有最_____。」

　　「沒有人做_____做得跟我們一樣好。」

　　你的聲明清單也許可以不斷延伸。

　　談到以上聲明，我們會帶著客戶進行有力的練習：

　　• 就公司所做的聲明集思廣益。（你通常會在網站、銷售簡訊等地方找到這些聲明。）

　　• 接下來，問問自己，「有多少競爭對手做出與我們羅列的清單類似（若非完全相同）的聲明？」

‧最後，問問自己，「在這些聲明當中，有多少聲明不只是文字陳述，還有視覺證明（透過影片）？」

這項活動很簡單，卻讓人眼界大開。大多數產業的「聲明」多被業內的競爭企業一而再、再而三地重複。想想，如果每一家說的聲明都一樣，它們實際上對市場代表了什麼意義？沒錯，這樣的聲明不過是噪音，直到有人證明自己說的真有其事。而這只要靠著「我們聲明」影片就能做到。

讓我們看看以下面具體實例。

世界各地的企業最愛提出的聲明之一是，「我們的員工讓我們與眾不同。」

嗯，好吧。你的員工與眾不同。可是，我怎麼知道那是不是真的？換句話說，要確切證明那些聲明，你必須展示員工——故事、背景、如何成為今日的他們，等等。這麼做，其他人必然會說，「哇，他們的員工真的與眾不同。」

有關「我們聲明」影片的常見問題

一、「我們聲明」影片和「關於我們」影片有何不同？

在理想的狀態下，用正確方式製作的「關於我們」影片

和「我們聲明」影片的效果是相同的，它會透過影像證明是什麼讓貴公司獨一無二、特別、與眾不同。

它會帶觀眾來到幕後，從某個角度認識貴公司，而這角度能夠憑直覺知道貴公司遠比看過、接觸過的其他公司更加真誠。

儘管如此，大多數的「關於我們」影片並非用此方式製作而的，一如本章前面所述的，最後變成浪費時間與金錢。

二、如果沒有獨一無二的事怎麼辦？

這個疑問有很多根本的錯誤，但最常聽見。了解下列幾件事非常重要：

• 光是願意「展示」，無論「它」是什麼，就讓你特別、與眾不同、獨一無二。

• 企業死守著所作所為，往往會輕視自己的產品或服務的獨特性。記住，只要有人購買，它就是有趣的。

好了，準備好讓業務團隊順利更多成交的 6 支影片了。

實際上這裡的總影片數多於 6 支，因為每個類型都能發展出好幾個教學、展示與販售的視覺機會。其實，如果雇用全職的攝影師，這些影片很可能得花上至少 1 年的時間才能完成。

別讓這個嚇壞你。只要這些影片運用得宜，就可能為業務團隊帶來驚喜。只不過記得要遠離自吹自擂。談論買家真正想要知道的事，那麼信任永遠會隨之而來。

購買行為
和行銷的變化

11

最常見的行銷挑戰

當年加入 Vidyard 這家以行銷科技與創意為主的公司時，我沒想到身為行銷主管，可以學到多少事。

不但能隨時掌握最新行銷趨勢，還有機會看見其他企業如何同時應對這兩個領域，以及如何改變優先順序。雖然每個企業都有獨特的行銷挑戰，但是在和許多行銷人員的對話中，有些少數不變的主題顯得格外重要：

一、工作重點是個活動標靶

行銷團隊的工作重點持續從「對外」的付費贊助與廣告，轉移到「對內」的內容行銷、搜尋引擎行銷，以及社群媒體。

二、數位通路的擴張與多角化

用來觸及潛在顧客的數位通路持續多角化，行銷人員如今開始使用搜尋引擎行銷、網站優化、電子郵件、社群媒體、部落格、YouTube、Instagram、聊天機器人等等。

三、更多的責任

行銷人員在整個顧客生命週期中，從陌生開發與促進成交，到售後行銷。各個階段都要產生成果，行銷人員承擔比以往更重大的責任，因此必須具備「全漏斗」（full-funnel）的行銷思維。

四、從線下走到線上

新冠疫情進一步加速企業在行銷、業務和客戶服務上採用「線上優先」的思維。虛擬活動、虛擬會議，還有線上數位體驗已成為首選，而且唯一能推動行銷方案的方法。

有趣的是，這些常見的挑戰全都源自根本原因：**當今消費者不斷變化的行為和期望**。

12

新的消費者行為帶來行銷新世界

從前，消費者會透過傳統廣告（電視、廣播、雜誌等等）來了解產品與服務。他們在發現過程的初期就會連繫少數熟識的銷售廠商，了解功能與定價。

業務代表會受邀到現場與團隊會面，並提供現場實際演練。甚至可能還會來場高爾夫球賽。這使行銷人員更加專注於廣告和品牌知名度，而業務代表則是聚焦在教學、建立關係、資格與成交。

然而，今日的客戶能立即取得無限的線上內容、連結、評論和追蹤者，不太願意按照以前的「消費者旅程」走了。

其實，行銷與銷售策略調查分析兩大龍頭 Sirius Decisions 和 Forrester Research 都指出，目前有超過 80% 的消費者旅程以自助形式發生在網路上，他們甚至沒有想過要和

銷售廠商直接連繫，或是找某個業務員聊聊。

　　而那是發生在新冠疫情造成「大規模虛擬化」（great virtualization）之前的事。所以，這對當今的行銷人員意味著什麼？很多事。現在，團隊不只必須負責提高品牌知名度和陌生開發，也要透過購買過程教育閱聽大眾、擴大線上參與度、建立令人難忘的關係，並且透過數位內容進行大規模推廣。

　　行銷已成為永不歇息的業務代表，而且每個行銷人員都需要像賣家一樣思考，因為他們得負責擴展消費者旅程。

　　這是我每天在 Vidyard 的工作日常：我們的團隊不只關注網站流量與新的待開發客戶數目，而關注有多成功的指標不只是網站流量與待開發客戶名單，也包括幫助企業創造的銷售管道數量和營收數目。這對關注的通路和行銷方案、創造的內容類型，以至於影片在全新消費者旅程中扮演的角色，都有很大的影響。

13

如何將影片融入在
消費者旅程之中

　　根據數位行銷軟體與服務公司 HubSpot 定義，**消費者**
旅程是「消費者歷經認識、考慮與評估，以及決定購買某項
新產品或服務的過程。」

　　雖然消費者旅程沒有單一範本可套用在每一種產品或服
務上，但做為常用的模式，仍可以拆解為下列 4 個階段：

　　一、**認識**：潛在買家對某個品牌、產品或服務，它可以
解決的問題，以及提供的好處，得到認識。常見管道包括
網路搜尋、社群媒體、部落格與內容、廣告、直效行銷郵
件（eDM）、網路研討會、口碑宣傳、影響者、分析師報
告、商展等等。

　　二、**考慮**：買家會以潛在解決方案與廠商進一步研究。

常見管道包括網路搜尋、廠商網站、第三方評論網站、部落格、電子郵件行銷、與業務代表直接對談，以及諸如影片、電子書和網路研討會等教學性資源。

三、決定：買家已經自己縮小了潛在的解決方案，也決定出預算，正準備做出購買決策。這個階段往往是由業務代表負責管理，並由行銷提供內容（例如顧客證言推薦、競爭者比較，以及隨選示範）提供支援。

四、售後維繫、追加銷售和推薦：雖然傳統上大多數行銷人員會把注意力集中在消費者旅程的銷售前階段，但隨著社群媒體、同儕評論網站及推薦成為今日潛在消費者評估解決方案時相當倚重的參考來源，而今行銷人員也更加重視售後階段。或者更簡單地說，在透過顧客滿意度和顧客推薦產生新的銷售機會上面，行銷扮演著關鍵的角色。

行銷人員不再只是負責創造品牌知名度和經營公司網站。他們需要審慎思考消費者旅程的每個階段。由於影片是很靈活的內容媒體，它不僅能運用在消費者旅程的每個階段，也幾乎能遍及你投入的每一種行銷方案與傳播管道。

在接下來的第 3、4、5 篇中，將會探討在消費者旅程的

每個階段可以使用哪些影片類型，以及那些影片如何與最常見的行銷方案和傳播管道結合。

希望更容易理解如何將影片納入現有的行銷活動。也可以將本書的不同章節分享給負責特定行銷活動的同事閱讀。

可是首先，我要分享一個激勵人心的故事：在高度競爭的市場中，有一間快速成長的企業將影片運用在消費者旅程的各個階段，不僅徹底改造了敘事手法，也大幅改善了公司財報的數字。

14

案例：Miovision 在緩慢產業中，徹底改造消費者旅程的每一步

貴公司可能過得很辛苦。你們可能身處發展緩慢的市場，潛在客戶似乎對傳統的行銷與銷售手法沒有反應。也許你是個相對較不知名的品牌，必須與大型老牌企業競爭。或許你認為受眾不會受到社群媒體、聊天機器人或網路影片吸引，只因為那並非你的產業的運作方式。

假如這些挑戰聽來很耳熟，Miovision 團隊可以理解你的難處。加拿大公司 Miovision 成立於 12 年前，是一家交通數據資訊服務商，而這個傳統行業是出了名的發展緩慢。

把挑戰視為機會

「影片嚇壞了許多行銷人員。他們以為要在團隊裡增加一名全職攝影師，或是雇用昂貴的外部廠商。但是當我拿到數位相機，也讓業務小組配備網路攝影機後，就開始動手製作影片！我們獲得很棒的迴響，也看見了一些驚人的成果。」

——Miovision 行銷總監麥特・楚辛斯基（Matt Trushinski）

Miovision 的競爭對手是老牌的運輸公司和數據供應商，許多已有數十年的歷史，和上下游廠商已經有長久往來。在你的想像中，政府部門員工偏好紙本文件、PDF 檔案和電子郵件，勝過豐富媒體（rich media，譯注：運用圖片、影音、動畫等多元形式，讓觀看者與內容有更深刻互動與體驗的訊息傳播方法。），因此運用視覺媒體的內容似乎不容易贏得注意。

但是 Miovision 不讓這些挑戰成為障礙，他們顛覆、擁抱，並視為在擁擠的守舊市場中脫穎而出、成為與眾不同的機會。實際上，Miovision 的行銷總監楚辛斯基將自己公司的小規模與新穎的行銷手法，視為勝過較大型競爭對手的關鍵優勢。

身為規模較小的企業，他們往往更具創意、更有實驗精神，也更為敏捷靈活。他們將行銷引擎建置在現代的技術堆疊（technology stack）上，能在多元管道上，透過不同媒體吸引受眾。而且，在開始嘗試影片內容後，證明了看似明顯、卻時常容易忘記的事：那就是，潛在客戶不只是政府員工，同時也是普通人，這些人能在富有教學意義、激發強烈情感而且有吸引力的影像內容中看見價值。

▍影片不是只有單一用途

　　麥特購入一台入門款相機和腳架後，開始將影片加入Miovision 的行銷方案中。最初，他把力氣放在思維領導力（thought leadership）上，建立品牌並清楚說明提供的獨特價值。

　　同時，他發現客戶支援部門的某位同事也運用螢幕截圖和網路攝影機製作影片。更多人開始加入行列，影片很快就變成吸引潛在顧客與客戶的重要利器。

　　如今他們已經設計專門影片增強網站吸引力，擴充在社群媒體上的追蹤數，提高電子郵件行銷活動的轉換率等等。甚至運用簡短的影片宣傳新產品上市、大型活動，以及即將

舉行的網路研討會。

「每次執行某個步驟，我們就會自問：『能借助影片之力的舞台是什麼？』例如，某場網路研討會的主題一旦定案，就會安排一個拍片日，一口氣錄製好網路研討會邀請影片、到期提醒影片、『感謝蒞臨』跟進影片，以及『很遺憾錯過與你相會』影片。

無論潛在客戶選擇如何行動，都有一支客製化影片的內容得以因應。我們也會錄下網路研討會，並將它切分成幾大段。透過這種方式，潛在客戶在行銷與銷售過程的每一步，都有影片中的某人為他們解說。它不只有助於產生更大的吸引力，也能與 Miovision 真實員工建立起持續的往來關係。」

——Miovision 行銷總監麥特・楚辛斯基

影片帶來無數好處

影片幫助 Miovision 從競爭中脫穎而出，並創造品牌識別度。它也透過把名字與臉孔結合，提高潛在客戶對業務人員的熟悉度。透過影片，潛在客戶可以聆聽曾在商展上見過

面的產品行銷經理的發言，與負責業務代表見面，或是與 Miovision 品牌的其他「臉孔」定期互動。

這些影片全都是在組織內部創作的，使用的器材不過是一台網路攝影機或一架基本款相機。**最大的障礙並不是先進的機器或預算，而是有紀律和勇氣，開始用有創意的新方法拍攝內容。**

> 「以往很難接聽電話的客戶現在會先觀看影片內容，而且網路研討會數目如果還沒增為 3 倍的話，至少也已經翻倍了。我們在許多行銷衡量指標上有爆炸性成長，它帶來很大的激勵。」
>
> ──Miovision 行銷總監麥特・楚辛斯基

大約有 2 百名員工的 Miovision 在 2020 年 1 月宣布得到 1 億 2 千萬加幣的全新創投資金挹注，並且計畫大舉擴編，增加 50% 人力，以便跟上陡增的訂單需求。

Miovision 的故事是個很好的例子，說明任何行銷團隊都能在消費者旅程的每個階段使用影片，改變消費者進入市場的方法，無須改變公司人力或預算。

第
4
篇

在「認識階段」
運用影片行銷

II

15

贏得注意
並拓展新觀眾

如果顧客根本不知道你的存在，你怎麼可能贏得他們的
心。品牌知名度是消費者旅程的第一階段，在這階段，品牌
知名度能拓展觸及面、提高解決問題能力，以及激發買家對
你的興趣。

雖然讓品牌出現在潛在顧客面前是這個階段的關鍵目
標，但是記得這個階段的重點不是「你」，而是「顧客」。

他們尋找的對象還不是你的品牌，他們尋找的是能提供
詳細、有用的答案，能解決難題的對策，或是興趣相投、能
出手幫忙的一群人。

影片的 4 E 如何帶你認識更多內容？

首先，影片是在早期階段尋找答案的消費者最佳的方法。影片不只是說明複雜主題的有效方法，也比靜態內容更容易消化，卻更難以忘記。比起文字為主的文章，假如有機會讓潛在顧客在此階段觀賞影片，對你的品牌更有幫助。

其次，影片是吸引新觀眾、把他們拉進故事中，並將內容消費時間最大化的最佳方法。你可以透過影片，借助視覺、聽覺、音樂和創意說故事的力量，提供觀眾高度相關且能激發興趣的東西。這個概念不只適用於影片廣告與促銷，運用周全細密的手法講述視覺故事，你可以讓任何主題變得更有吸引力。

第三，這是激發第一次體驗者產生情緒反應的最佳方法。無論這是一支有趣、有創意的社群影片、一段鼓舞人心的訪談，或是高度相關的顧客故事，引發情緒反應會讓新訪客和內容消費者更願意回訪。

最後，影片是充分展現同理心和創造人性連結的最恰當方法，它比文字更能深入人心。這一點在此階段尤其重要，因為潛在買家會針對自己的問題，尋找值得信任的答案。一則簡短的影片，裡頭有員工說明某個複雜主題，能打敗任何以文字為主的文章。

如果哪天寒冬清晨要買救車線，我當然會跟那支有用影片中的主角買！

　　接下來，探究實務想法，看看如何運用影片的 4E 促進認識，並且讓潛在顧客走到下一個階段。

16

如何將入站流量
導到影片？

集客式行銷（inbound marketing）和內容行銷已成了行銷方案的主角。集客式行銷提供實用的線上內容，做為吸引新訪客前往網站的一種方法，而不是運用付費廣告與其他形式的「推播式」媒體爭取注意。

內容通常會瞄準觀眾最常搜尋的問題，或是消費者在研究時需要知道的事。

舉例來說，一家為小型企業提供網站開發服務的行銷廣告公司，與其針對企業主付費打廣告（這些人多半不會出現在網路上），不如發表網路文章，回答像是「小型企業網站的最佳範例是什麼？」、「網站開發的重要趨勢」，甚至是「誰是網站開發的頂尖行銷公司？」之類的問題。

真正置身網站開發服務市場中的小型企業主更有可能在

開始研究時，從 Google 連到你的內容，進而發現存在。

在 20 年前企業部落格興起時，集客式行銷首次被提出，並且歷經了無數次演變之後。企業部落格成了企業發表文章，用來教學市場並吸引新潛在顧客的新基地。

在第一個 10 年，大多數公司將部落格外包，借助行銷公司與自由撰稿人的力量，針對搜尋關鍵字產生文章。到了 2010 年，許多公司開始回歸內部組織，由在職撰稿人或內容行銷人員負責；後者的職責是撰寫部落格文章，盡可能逼出最多的入站流量。

快轉個幾年，Google 搜尋演算法的改變驅使內容行銷團隊關注品質，更勝於數量。但是，過去幾年之間也發生了其他重要的改變。Google 在搜尋結果的排序上，加重了影片內容的權重。線上觀眾的期待也發生了變化，消費者和企業人士選擇資訊圖表、Podcast、互動式內容，當然還有影片，遠勝過傳統的文字內容。

這些趨勢促進了另一項重要轉變——集客式與內容行銷運用多角化媒介接觸閱聽眾。**在現在的集客式行銷裡，若想要符合觀眾期望，並且讓潛在顧客持續大量湧入，則需要透過不同形式（包括影片）傳遞內容。**

如何在影片中放入教學內容？

集客式行銷方案最有效的影片類型是能清楚透過影像回答問題的教學影片。這是教學本質，也能在早期消費者旅程建立起更加可靠的關係。

從內容來看，想要說明的主題可能和文字涵蓋的內容類似。畢竟會出現的問題幾乎都相同，只不過是換了種方法回答而已！

很棒的切入點是，針對集客式策略瞄準的關鍵主題與搜尋引擎最佳化（search engine optimization, SEO）搜尋關鍵字列出清單，同時也可以包含所有經過證明有高績效表現的指南、電子書或部落格文章。

你也可以運用消費者會搜尋的詞彙，搜尋 YouTube，看看哪些主題在影片類型具有高度吸引力，讓這份清單更臻完美。然後再根據目前與市場最相關，以及認為最有機會吸引新訪客的事物，為清單定出優先順序。

下一步是思考如何更接近這些影片的風格，以及如何以最有效的方式，借助螢幕上的人才、圖像資料和聲音。**這是傳統內容行銷與寫作差異最大的地方。**

撰寫部落格文章時，需要弄清楚語氣和寫作風格，格式和手法相當標準，沒有太多彈性。製作指南和電子書時，需

要增加視覺設計元素，通常源自你的核心品牌原則。但在處理影片時，無論是視覺風格、語氣、節奏和整體敘事方法上，會有很大的自由度。

因為欠缺簡單的範本可以遵循，所以在一開始看似有點嚇人，但是能產生新點子並成為開路先鋒實在令人感到興奮！記住，影片是個絕佳機會，能以新鮮、有趣而且專屬於「你」的方式傳遞訊息。你的公司唯一能犯下的真正錯誤是，完全不嘗試創造任何影片。

17

如何以新手法包裝並產品化想法？

在影片中加入少許創意就能有意想不到的效果；River Pools and Spas 就是絕佳範例。如果瀏覽它們的 YouTube 頻道或網站，就會發現數百支有用的影片，全都很吸引人而且內容可信。

這些影片的許多主題先前也曾在部落格文章中討論過：地下泳池的造價是多少、自動泳池蓋的優缺點等等。但是影片給了新的機會，讓故事變得生動有趣。請先保留那個想法，馬上就會更深入探討 River Pools 的案例。

著手處理思維領導力影片時，必須考慮如何運用影片4E，處理、包裝和產品化想法，達到類似成果。

它可以很簡單，讓公司成員在鏡頭前以「特寫鏡頭」風格影片，說明關鍵主題也可以複雜一些，運用創意場景和各

種來賓,拍攝品牌系列影片。

還需要思考如何處理「每一天」的教學影片,以源源不絕地的速度穩定更新影片,製作速度可能快、有效率(就像部落格的經常性文章一樣),以及「主角」影片,這類影片會處理最重要的主題,應該投入更多資源在規畫與製作上(就像電子書和指南那樣)。

無論現在處於影片旅程的何處,總要有個地方可以起步或往下一步走。可以採取以下 5 種產生品牌知名度影片的方法:

• **特寫鏡頭**(talking head)影片通常有 1 或 2 個人,在卡緊鏡頭(tight shot,譯注:被拍攝對象幾乎占滿整個畫面的鏡頭)對著攝影機說話。也許傳遞一則訊息或解釋某個主題,或回答鏡頭外某人的提問。這類影片可在任何地點錄製,對圖像資料或道具的仰賴程度極小。只要找到能力很強的領域專家,能清楚傳遞訊息並使觀眾保持投入,這類影片的效果就會很好。

• **問與答和「如何做到」的影片**直接處理觀眾提出的特定問題。它們通常會利用標題和啟動畫面(splash screen,譯注:指啟動程式、APP 或影片時,螢幕上第一個出現的畫面。)清楚地呈現出影片是關於某問題,或是說明如何做某件事。

例如，影片標題可能是「如何為 LinkedIn 影片上字幕？」，接著立刻回答，沒有額外鋪陳。這類影片應該簡短、直接且切題，利用視覺資料的優點把答案盡可能表達得清楚而且管用。

• **主題深入探討影片**探討的特定主題是部分觀眾會感興趣的內容。特寫鏡頭與「如何達到」風格的影片通常是簡短、高階而且瞄準廣泛的觀眾；深入探討影片往往片長較長、比較複雜難懂，而且瞄準就特定主題尋找詳盡資訊的部分觀眾群。

這類影片會有專家在鏡頭前解說、訪問意見領袖或消費者，或是在後製階段加入旁白與不同的圖像資料。也會有更多圖像資料支援，以便協助說明主題，像是運用白板或黑板、螢幕截圖或旁跳鏡頭（cut-away，譯注：從原來的鏡位、人物、動作切出，接著又很快切回原畫面）輔助說明中的產品或服務的鏡頭。

• **訪談影片**會帶入一個或多個對某項主題在行的人，透過訪談的形式呈現想法。這類影片可以有點正式，也可以非常輕鬆即興，取決於你的品牌本質。

大多數企業在製作這類影片時，會以輕鬆的態度，呈現可靠、容易接近的感受，讓影片感覺更加可信賴。最棒的訪談式影片感覺像是沒有腳本，卻展現出充分準備與自信。

• **系列影片**在商業界日漸流行，提供富有創意的新方法去建立品牌，將追隨者轉變為訂閱者，在社群媒體和 YouTube 上提高觀眾的關注度。在某些方面，這是品牌的思考模式開始像個媒體公司的具體展現。

品牌的系列影片可以遵循若干不同格式，從簡單的每週系列，如〈周三必看〉或〈周二訣竅〉，到更複雜的演出節目格式，如 Vidyard 的〈創造連結〉、IMPACT 的〈行銷人員的影片學校〉，或是我的最愛，安德魯・戴維斯（Andrew Davis）的〈忠誠度循環〉（Loyalty Loop）較長的系列被稱為「影音 Podcast」，它的聲音檔可以被轉成 Podcast 節目。

以上這些方式都各有優點，但是談到錄製影片，千萬別害怕開拓新思路，不妨從喜愛的事物尋找靈感。

嘗試製作貴公司的影片時，請發展出一套最適合貴公司的風格與方法。不過要小心，無論團隊在掌鏡上多有才華，「臨場即興發揮」很少行得通。

規畫是製作任何影片的最重要階段。因此，拍攝時對想要追求的風格、拍攝手法和影片長度有概念，才能保證影片內容達到預期效果。

18

案例：River Pools 如何用影片成功 賣出泳池？

　　想像一下，你正考慮在後院安裝一座新的游泳池。啊！那流水帶來的清涼舒爽的感受，潛入水中的喜悅，熱水浴缸舒緩提神的熱度，還有與朋友、鄰居、家人共度的數不盡的後院池畔派對。

　　可是等一等！

　　在決定冒險一試之前，還有很多問題必須回答。應該選擇玻璃纖維、乙烯基，或是混凝土材質的泳池呢？什麼尺寸最好，泳池有多深？要裝幫浦、加熱器、太陽能泳池蓋布、泳池用吸塵器嗎？這份問題清單可以不斷延長。

　　就像任何買家一樣，與其造訪在地泳池公司，選擇直接打開 Google 網頁。輸入「乙烯基對玻璃纖維泳池」後按下搜尋鍵，接著，叮！數千筆結果出現在眼前。

透過影片回答問題

你立刻看見第一項搜尋結果是 River Pools and Spas 的文章，標題為〈乙烯基內襯 VS. 玻璃纖維：泳池材質老實說〉。完美！

嗯，幾近完美。因為像游泳池這種商品，比起只是閱讀文字，能「看見」文字說的是什麼會更棒。因此，你點擊「影片」搜尋結果，不出所料，第一項搜尋結果是來自同一家公司，River Pools and Spas，有著相同標題的影片！

老實說，在撰寫本書時，搜尋結果的頭兩支影片都是來自 River Pools and Spas，一支導向 YouTube 頻道，另一支則導向網站。

「嗯，這家公司顯然是這個主題的權威，」你對自己說。接著點擊影片連結。

5 分鐘後，一位在 River Pools and Spas 服務，名叫克里斯欽・許瑞拉（Cristian Shirilla）的體面紳士暨泳池專家已經讓你完全了解乙烯基和玻璃纖維泳池的差別了。

此外，儘管 River Pools and Spas 只販售玻璃纖維泳池，這支影片仍誠實可靠地比較兩者，凸顯各自的優缺點。這樣的經驗為 River Pools and Spas，還有克里斯欽自己贏得立即的信任與聲譽。

更別提這個觀看經驗既有趣又愉快！你點擊滑鼠，進一步瀏覽完整影片庫，令人驚訝的是，你已來到相當於網飛（Netflix）一般應有盡有的泳池線上資料庫。

River Pools and Spas 的影片庫包括數百支影片，討論從泳池安裝成本到如何維護及更換泳池過濾器等一切事務。

每支影片都被設計成回答一個問題，也就是潛在買家在購買旅程當中認識或考慮階段可能會問的問題。每支影片都有來自 River Pools and Spas 員工討論某個重要主題，卻是用許多不同且獨特的手法製作這些影片，並加以產品化：

• 有些影片以「問與答」的風格來處理，影片標題就是影片要回答的問題。這類影片會針對搜尋和 SEO 進行優化，以便吸引搜尋特定問題答案的新觀眾。

• 有些影片展示和講述或主題式深入探討手法，針對特定問題、概念或有興趣的產品提供詳盡資訊。例如，有支名為〈River Pools 介紹巨大的 T40 型泳池〉影片，針對這種玻璃纖維泳池的外觀和運作方式，提供了豐富的展示和講述。克里斯欽大多數時間都待在泳池較深的那一端。

• 最後，你會發現旗艦巨作，名為〈池中 2 分鐘〉的系列影片，以一種迷人形式提供獨特的觀點。他們在不到 2 年的時間，發布了超過 60 集影片，其中許多影片贏得觀賞數萬次數。這個系列被設計成很容易分享，而且會為 YouTube

頻道和行銷資料庫帶來更多訂閱者。

影片帶來的豐碩成果

River Pools and Spas 將製作影片當做集客式行銷策略的最重要部分，結果不到 2 年的時間，產生的集客式行銷待開發客戶線索數目是原本的近 3 倍之多，其經銷商網絡也擴展多達 500%。不只如此，他們目前也是全球成長最快速的玻璃纖維泳池製造商。

運用影片，新穎包裝並產品化想法，不僅擴大觸及人數，也讓 River Pools and Spas 團隊在高度競爭市場中成為可信賴的顧問。喔，還有另一件事：顧客在購買前平均會觀看他們的影片超過 20 分鐘！

現在想像一下，你並不是真的計畫要購買泳池，而是貴公司銷售的解決方案市場中的某人。設身處地為他們想想。如果搜尋購買旅程中可能遭遇的某個常見問題，貴公司的內容會出現在 Google 搜尋結果的「全部」或「影片」當中呢？此外，如果開始觀看貴公司的影片內容，會想更深入了解嗎？還是會狂看更多內容，或訂閱更新？

針對如何實際處理這件事，請造訪 River Pools and Spas

的 YouTube 頻道，看看〈池中 2 分鐘〉如何輕輕鬆鬆讓你連看 2 小時還欲罷不能。

River Pools and Spas 的 YouTube 頻道

19

如何運用影片進行
集客式行銷？

　　無論回答問題、教別人如何完成某件事，或是教育市場
接受大膽的新想法，總有方法能透過影片的力量，將領導力
思維和品牌故事變得生動有趣。

　　「可是最佳實務清單上應該包含什麼，才能運用迷人的
影片內容，將集客式與內容行銷影響力發揮到最大呢？」很
高興你能提出這個問題！

▍集客式行銷清單

　　□ **創造教學內容，回答常見問題和關鍵主題。**聚焦在創
造有用的影片，回答觀眾可能會問的關鍵問題，並且深入探

討可以提供獨特觀點的主題。避免推銷產品或服務，讓集客式影片內容聚焦在觀眾，而非品牌上。

□ **聚焦在「內容價值」，而非「產品價值」。**讓領導力思維影片感覺有用而且可信賴。把力氣放在透過獨特見解、專家觀點和支持性視覺資料，提供觀眾最多的價值。當然，應該設法使影片在視覺上吸引人，但是不必煩惱要讓它看起來像好萊塢大片。

□ **思維領導力影片的形式、風格和口氣必須講究。**影片的視覺風格、形式和口氣有各種各樣的手法可採用。以特寫鏡頭、問與答、如何做、主題式深入探討、訪談式或系列影片等風格錄製影片時，務必預做規畫而且說清楚，講明白。這有助於確保拍到的內容符合想像中的成品。

□ **預先規畫，但是保持自然和親切。**用自然、親切和不備稿的方式呈現思維領導力影片。然而，那不代表不需要計畫！仔細處理每支影片，為計畫放入的內容，選擇視覺風格和語氣、目標長度，以及運用任何資源預先規畫。目標是創造出感覺可靠且值得信賴，同時也要是準備充分、清楚簡潔的作品。

□ **運用影片 4E 讓想法新鮮有趣。**儘管思維領導力影片應該永遠富含教學意義，也別忘了讓它們有吸引力、帶有情感或令人產生共鳴。影片是處理關鍵主題更豐富的手法，而

不只是「在鏡頭前朗讀部落格文章」。因此，可以透過注入圖像資料、故事、充滿活力的肢體語言、幽默、個性、連結性等等創意地發想影片，為內容增添新特點。

20

如何運用 YouTube 吸引觀眾並開發新客戶?

YouTube 不只是電影預告片和病毒式影片的最後一站。實際上,YouTube 是僅次於 Google 的搜尋引擎,眾人在此搜尋答案,並了解不同主題。

對企業來說,這是個重要的頻道,既能為觀眾產生認識,也能把更多流量導回自己的網站。

雖然專業的 YouTuber 和媒體公司透過廣告,把 YouTube 當做產生直接營收的手段,但今天企業卻能善用它,用集客式行銷與社群媒體的策略,將有用的內容傳遞給目標受眾。

儘管「任何品牌運用 YouTube 觸及新的觀眾」的可能性很高,但實際上,大多數企業的 YouTube 頻道淪為「影片的養老院」。

那是他們所有線上影片:思維領導力、產品展示、顧客

證言推薦、隨選網路研討會等等，最後度過其餘生之處。這未必是件壞事，沒有壞處，不過也沒有充分利用這種免費行銷管道所提供的機會。

善用 YouTube 比較好的方法是，視為協助建立觀眾，教學目標市場的線上管道，並且以搜尋引擎最佳化（SEO）的思維方式創造新開發顧客。因此，有幾種不同類型的影片表現得最好。為了勾勒出那些，讓我們回到影片的 4 E，以及如何應用在 YouTube 頻道上：

1. **教學意義**：回答常見問題或說明重要主題的影片。

2. **吸引力**：系列影片能讓觀眾回籠，並看更多影片。

3. **情感**：有創意的影片既有趣又富有娛樂性，而且仍舊與你的事業、目標受眾有關聯。

「等等，第 4 個 E 上哪去了？」別擔心，我沒有忘記它！最後這個 E「影片展現了同理心」應該讓 YouTube 影片真實可信到，看過影片的人都覺得好像認識你許久。

21

教學類型影片如何
吸引更多粉絲？

　　大多數企業想用新手法經營 YouTube 頻道時，大多從教學類型影片著手。好消息是，集客式與內容行銷的內容往往能重新利用。不過，哪一種內容成效最好？不妨退一步想想，什麼類型的問題或關鍵字在 YouTube 或 Google，可以用影片回答？

　　運用 SEO 分析工具判斷人們會上 YouTube 搜尋哪些主題，以及可以為哪些關鍵提供內容。

　　本書前面章節探討集客式行銷的教學影片應該非常適合你，還有其他在 YouTube 上更常被搜尋的新主題可以列入清單。跟集客式行銷影片策略很像，從列清單開始，列出目標受眾最常問的問題，及消費者旅程早期常出現的主題。

　　至於這些影片該採取什麼風格，也可以參考前面章節的

建議，可以是特寫鏡頭、展示、講述，或訪談。不過，對YouTube 的觀眾來說，讓普通人用自然真誠的方式溝通，往往比精心製作的「行銷」內容更具說服力。

如何運用系列影片讓粉絲成長？

教學影片是吸引搜尋資訊的新觀眾的絕佳方法。一旦抵達你的頻道，主要目標是教學和贏得信任。儘管如此，身為老練的行銷人，你也希望鼓勵他們因為愈來愈多的內容而消費，創造堅固不破的品牌親和力，以及願意為了未來的更新而訂閱頻道。

簡而言之，透過內容，對品牌建立起習慣。

絕佳方法是提供定期上架的系列影片，可以借助YouTube 的內建訂閱功能，讓粉絲持續訂閱以及回鍋點擊更多影片。這讓我非常感興趣，這是個可以變得更有創造力的絕佳機會，放下「企業」防護罩，並創造你可以在聚會或高中同學會上秀出來的自豪內容。

再次回到 River Pools and Spas 案例，他們的 YouTube 頻道主打〈池中 2 分鐘〉系列影片，訪客有機會大看特看，這系列針對購買或維護游泳池各式各樣的主題教學。這讓粉絲

覺得對泳池感興趣，卻不訂閱他們的頻道會顯得很傻。

除了提供很棒的回流理由之外，創造品牌系列影片還有無數其他的好處。

雖然可以透過不同管道，例如 YouTube、社群媒體、電子郵件，甚至公司網站推廣個別單集影片，但也可以用某種更遠大、更大膽的想法推廣系列影片，有更多，透過不同類型推廣方法吸引觀眾的機會。

持續溝通的系列影片也給潛在顧客一個訂閱的理由，無論訂閱的是你的 YouTube 頻道、部落格或電子報。

如果潛在顧客在一集或多集影片中發現價值，「恐懼錯失」（fear of missing out, FOMO）精采影片的威力無窮。

最後，系列影片提供你與潛在買家建立起品牌關係的機會，那未必與貴公司的品牌有關，而是環繞著某個想法或行動。雖然一開始它違反建立品牌知名度的做法很可怕，把貴公司的品牌排除在聚光燈之外，往往會讓你的內容更值得信賴而且與人分享，特別在 YouTube 和社群媒體更是如此。

Vidyard 創造了若干品牌系列影片，每一個都有目標受眾、轉換目標，以及推廣策略。

在認識階段，我們製作了 3 種不同影片節目，而且匯出音檔製作成 Podcast，以便最大化每一集觸及人數。

「焦點影片」是定期上架的訪談系列影片，針對有興趣

學習如何更有效地運用影片使生意成長的企業。這與我們想像中的顧客整體樣貌十分符合，焦點影片提供吸引目標受眾的新方法。本書提到的許多個人和企業都曾是節目來賓！

「創造連結」影片運用類似格式，但瞄準的是行銷決策者，還有希望與買家產生更親切人際關係連結的行銷人員。「創造連結」影片提供一個平台，討論更多元的主題而且觸及相關的觀眾，這些消費者可能還沒想過在影片中尋找解決方法，但是在未來的某個時間點很可能會這麼做。

最後，肯定同樣重要的是〈影片島上〉（Video Island）。這是由我們公司的影片製作人主持，為影片製作、剪輯最新技術感興趣的人提供專家建議。另外，這也幫助我們了解小眾影片創作者。

這些系列影片有何共通之處？全都與 Vidyard 或我們的產品無關。取而代之的是，它們提供有用而且值得信任的內容給社群，YouTube 則是傳播的主要管道。隨著移動到消費者旅程的下個階段，我們提供〈粉筆教學〉（Chalk Talk）、〈影片行銷入門〉（Video Marketing How-To），及〈週三影片〉（Video Vednesday，不，這不是打字錯誤）等系列影片，這些分集會深入探討特定領域。

你可以在 Vidyard 的 YouTube 頻道找到這些系列影片，做為參考、靈感來源。

22

案例：起重機和 AI 從沒這麼有趣過！

除非在建築、鋼鐵或造船市場中打滾，否則不會太關心起重機、吊掛設備或防墜護具。更不可能造訪 YouTube 上的「適合物料搬運專業人員的起重與吊掛頻道」。

如果你在這些產業工作，這個頻道是訓練與教學不可或缺的寶庫，它能幫助你得到更好的工作，改善工作效率與安全性，甚至拯救一條生命。

在寫此書的同時，這個頻道已經有近 2 百部影片（而且數目還在增加），主題包羅萬象，取材自全球各地的物料起重與吊掛。除了特定主題有問與答和深入探討風格的影片之外，它還包括了幾個品牌的系列影片，比如「起重機入門」（Cranes 101）、「抬起你」（LiftingU），還有我個人的最愛「吊掛教授」（The Rigging Professor）。

每周二和周四他們都會上架一支新影片，要訂閱頻道才明智。你可能會認為，免費觀看的 YouTube 頻道是由某個會員主導的協會、教學機構，或者靠廣告支持的媒體所經營，其實不然。它是由馬澤拉公司（Mazzella Companies）這家生產起重與吊掛產品的製造商暨經銷商負責經營，它同時也是馬可仕的公司，IMPACT 的客戶。

用影片帶出更高的層次內容

馬澤拉公司看到部落格和文字策略很成功，他們在2018年初決定增加對影片的投資，以便提高內容的價值，並且開發關鍵的新行銷管道──YouTube。

短短兩年間，他們累積了超過 75,000 次觀看次數，以及將近 1 千人的訂閱數。他們是聰明的行銷人，每支影片在開場或結尾都會放上馬澤拉公司品牌標誌，多次號召觀眾採取行動，並穿插一些客戶案例分析。

開始學習高架起重機，持續收看「吊掛教授」系列影片，接著前往馬澤拉公司網站了解相關產品與服務。這真是件賞心悅目的事。

現在，你可能會這麼想：「可是泰勒，我賣的不是像起

重機和繫帶等實體產品，我不確定可以有那麼多內容在頻道上展示和分享！」

不管事業或市場屬於哪個類型，但我保證，你肯定有獨特而且重要的知識能分享，而且有方法透過影片讓它變得生動有趣。

▎讓 Lucidworks 為你指引道路

有個來自 Lucidworks 公司團隊的絕佳範例。這是一家 B2B 軟體公司，販售 AI 人工智慧和機器學習技術。他們賣的不是看得見的產品或軟體，反之，他們提供幕後技術，驅動應用程式。

因此，他們透過影片創作一支〈清晰思維：給對 AI 好奇的每個人〉（Lucid Thoughts: For Everyone Curious About AI）的系列影片，讓他們的思維領導力生動有趣。這支影片以清楚、吸引人且容易記住的方式，解釋什麼是人工智慧與機器學習。其實，它就像是你在 Netflix 或 Disney+ 收看的影片，而且這些影片設計得一樣容易親近。

Lucidworks 知道這是他們想要為未來成長而投資的系列影片，因而選擇與故事版影片製作公司（Storyboard Media）

合作，發展概念與錄製分集影片。此外，由於第 1 季得到熱烈迴響，備受期待的第 2 季在 2019 年末回歸，機器學習龍后媞雅發現她的叔叔……

噢，等等。對不起，禁止劇透！

你必須自己上「清晰思維」（Lucid Thoughts）YouTube 頻道，看看故事怎麼發展，而且得到一些重要靈感。

23

如何靠品牌引發情緒共鳴？

　　品牌娛樂（brand entertainment）的想法在商業世界變得更為普遍，因為行銷人嘗試從沒完沒了的數位噪音中找出能脫穎而出的新方法。儘管將品牌娛樂做正確並不容易，但如果表現得恰到好處而且傳遞出真正值得分享的東西，成效可能非常顯著。

　　不幸的是，如何將幽默和娛樂運用在今日的市場上，並沒有公式可循。這表示你需要仰賴創意和不斷嘗試，特別是沒有預算聘請創意代理公司的情況下。

　　不過重要的是，品牌娛樂並非只保留給大型消費者品牌。無論規模大小、B2C 或 B2B 都能採用品牌娛樂，而YouTube 則是最佳的實驗管道。

　　我最喜歡在 B2B 中運用一個幽默的例子：Zendesk 顧客

服務軟體公司有支影片名叫〈把我當回事，我就會愛上他〉（I Like It When He Gives Me the Business）。

這支影片以一對老夫妻象徵公司和客戶之間的關係，他們回想追求的過程，以及事情如何隨著時間流逝而逐漸改變。對話非常有趣，等到妻子說出「把我當回事，我就會愛上他」時，你發現自己大笑出聲。在影片結束之前，你忍不住按讚，接著前往 Zendesk.com 了解這家公司在做什麼。

Zendesk 公司廣告影片

用 Zendesk 的例子對你來說可能不太公平，因為它的腳本和拍攝都是由某家創意代理公司負責，預算可能頗高。但是另一個來自 Vidyard 的精彩範例，則是以 130 美元預算創作的 2 集系列影片，片名是「銷售失敗」（SalesFails）。

當時我們正設法讓大家對新開發的個人影像通訊工具有更深的認識。透過許多腦力激盪，我們最後決定採用取笑大家都熟知而且討厭的「差勁業務開發電子郵件」這個點子。

我敢說你全都知之甚詳。這些千篇一律的業務電子郵件

來自複製貼上的範本，宣稱能幫你增加超過 30% 的營收，而唯一需要做的，就是預約一通 15 分鐘的電話？

我們決定找點樂子，透過滑稽地模仿吉米·金莫（Jimmy Kimmel）節目中的「毒舌推文」（Mean Tweets）單元，讓人一眼就能看懂它。金莫會要求名人大聲唸出有關自己的毒舌推文，並在鏡頭前回應。

在我們的版本「銷售失敗」中，我們要求演員們以類似方式，在鏡頭前唸出蹩腳的業務開發電子郵件並予以回應。第一支影片的演員全是內部員工，得到觀眾熱烈的迴響。後來創作了第二支「名人版」影片，從我們的社群中邀請影響者唸出曾經收到最糟糕的業務電子郵件，並現場回應。

拍出來的影片極富娛樂效果，但是也明白地拍出了想要有人幫忙解決的問題。許多人分享這支影片之後，還對朋友說「我賭你對這個心有戚戚焉！」或「我的老天鵝啊，確實如此！」

透過社群分享的力量和網友的大力推廣（由於影片內容有趣且幽默的本質，他們都樂於這麼做），這兩支影片在 YouTube 和社群媒體的觸及人數非常高，遠遠超過我們身為 B2B 軟體公司所製作的大多數內容資產的觸及人數。

你可以在 www.thevisualsale.com 觀賞這些影片，看看是否認為它們有娛樂性，值得與人分享。

24

案例：Lucidchart
靠著品牌娛樂觸及
數百萬人

說到品牌娛樂，靈感可能來自任何地方。另一個精采例子來自 Lucidchart，這是一家為繪製圖表、資料視覺化、團隊協作提供線上工具的 B2B 軟體公司。

剛開始只是內部 Slack 頻道的一個，叫做 # 壞主意（#BadIdeas）的點子，如今已是個好笑的 YouTube 系列影片，累積觀看次數已超過 2 千萬次。沒錯，2 千萬次，更別提此頻道已經有 30 萬以上位訂閱者了！這對一家 B2B 軟體公司來說，成績實在不俗。

雖然並非所有觀眾都在 Lucidchart 的目標市場，但是他們已經看見以下馬上提到，可不是一笑置之的事業成果。

首先，到底是怎麼辦到的？哪家大型創意代理公司幫忙他們發展並製作這樣一個病毒式系列影片？完全沒有。

他們用少許預算，自力完成，這能行得通完全是因為原本的文化就是擁抱創意、幽默、透明，還有影片。他們超級有趣，而且意外地富有教學性的 YouTube 系列影片叫做「Lucidchart 說明網際網路」（Lucidchart Explains the Internet），提供十幾支 1 分鐘影片，以快節奏、有趣而且令人上癮的手法，說明不同的主題、概念或流行文化運動。我最喜愛的幾支影片包括：

　　• 〈Bunnos, Buns, and Wabbits：搞懂兔子的網路名字〉（Bunnos, Buns, and Wabbits: Internet Names for Bunnies Explained）

　　• 長篇敘事影片〈搞懂星際大戰人物關係〉（Star Wars Relationships Explained）

　　• 非常管用的〈60 秒搞懂《要塞英雄》〉（Fortnite Explained in 60 Seconds）

　　儘管每一支影片的主題都跟 Lucidchart 的產品無關，影片開始 55 秒後會揭露，他們用來繪製並且讓影片內容視覺化的工具，正是 Lucidchart！

　　看完影片你不僅可以得知天行者路克（Luke Skywalker）和莉亞公主（Princess Leia）的關係，你也發現有套很棒的新工具，能幫助團隊在出色的協力合作工作上，創造出同樣令

人驚嘆的圖解、表格與視覺化資料。

而且更驚人的是，多虧了大家轉傳分享和敲鑼打鼓，Lucidchart 的產品概述和教學影片的觀看次數已經超過 100 萬次了！

盼望他們發表的下一支影片會叫做〈Lucidchart 說明如何把品牌娛樂做對〉（Lucidchart Explains How to Do Brand Entertainment Right）。然而，到那時之前，我很鼓勵你去看幾集〈Lucidchart 說明網際網路〉，了解什麼是汪星人（doggo）、比特幣（bitcoin）、蛇（danger noodle），還有以影片為主的品牌娛樂。

Lucidchart 公司的「Lucidchart 說明網際網路」系列影片

25

YouTube 影片檢查清單

　　YouTube 提供分享大膽的想法並拓展觀眾很棒的管道。但想要從 YouTube 頻道產生真正的價值，不能只是「上傳並祈禱」（post-and-pray）。以下是打造 YouTube 頻道策略時重要最佳實務做法：

　　□ **定義 YouTube 頻道目標，規範內容計畫。** 別讓 YouTube 頻道變成影片的養老院！在計畫 YouTube 頻道目標和達成這些目標的內容類型時，務必明確。大多數公司運用 YouTube 做為產生認識、擴大追隨人數，以及為網站創造更多流量的管道。

　　□ **創造教學類型影片，回答常見問題、關鍵主題。** 從聚焦在有用的影片內容開始，回答觀眾會問的關鍵問題，還要深入探討可以提供獨特而且重要觀點的主題。此外，儘管這

麼做很誘人，但是要避免推銷自己的產品或服務，才能讓你的內容值得信賴而且可以與人分享。

□ **創造系列影片，推動訂閱和轉傳分享。**考慮製作一個或多個系列影片，並且在 YouTube 頻道上，為每個系列新增專屬的播放清單。邀請觀眾訂閱你的 YouTube 頻道，這樣他們才可以在新的集數釋出時得到通知，如果他們發現頻道很有價值，也能鼓勵按讚並分享這個頻道。千萬別忘了提供給那些想要了解更多的人網址連回主要網站或部落格。

□ **運用品牌娛樂，讓影片印象深刻而且容易分享。**影片是放鬆警惕且找樂子的絕佳媒體，而 YouTube 是測試品牌娛樂的好管道。找出有趣的手法，運用影片讓流行文化趨勢出醜，在不同節日裡逗大家笑，或是透過幽默短劇和說故事，讓內容顯得新鮮活潑。

□ **運用播放清單組織內容，將參與度提升至最高。**播放清單是組織 YouTube 頻道影片，並幫助觀眾發現切題、關聯性很棒的方式。在 YouTube 影片最前面建立類別或如何影片、常見問與答、入門、顧客故事等主題，並為每種系列創造播放清單。把新影片分配到播放清單內，保持頻道有條不紊，這能讓觀眾的參與度提升至最高。

26

如何用影片拓展
社群觸及人數？

影片在社群媒體興起一點也不奇特。臉書和 Snapchat 每天分別有 80 億和 100 億影片觀看次數，而且這還只是 2016 年的數字，這兩大巨頭最近一次提供這類數據的年份。隔年 2017 年臉書和推特就推出直播（live video）服務，LinkedIn 隨後也在 2018 年瞄準商務人士，推出影片上傳功能。

在這段期間，市場上透露出一個重要趨勢，影響現今社群網絡如何看待影片內容：**影片能延長逗留時間。**

根據數據顯示，瀏覽包含影片的社群媒體貼文時，整體參與時間會顯著增加。臉書最近表示，相較於靜態內容的貼文，附有影片的貼文能產生多 5 倍的參與時間。

對社群網路來說，多虧了他們的廣告商業模式，參與時間愈長代表更多營收。因此，他們有高度動力，將更多影片

推播給使用者，這就是他們正在做的事。

對於已經加入影片行列的企業而言，這是個雙贏局面。附有影片的貼文會有比較高的參與度，也更可能被推播到粉絲的動態牆上。盡可能多的觸及人數和參與是強而有力的社群策略基礎，少了影片，你就缺乏一項關鍵工具。

但是，並非貼出任何舊影片，就能在這些管道上坐享其成。今日，許多企業只是運用社群頻道，分享為其他目的所創造的內容。例如，他們為其網站製作了一支新的「說明白」影片（explainer video），或是為數位通路製作了一支新的影片廣告，他們也會把它放上社群頻道。

這就是你怎麼處理社群影片的，對吧？提高觀看次數！這個嘛，不完全正確。比較大的機會，創造積極主動的社群影片策略，分辨哪些類型的影片，包括現有的影片和新的影片，能在社群頻道上得到最大的參與程度。

好消息是在社群媒體上，真實性能贏過製作預算，大多數的全新內容可以只靠手機或網路攝影機，再加上一點點創意創造出來。

社群網站上的影片行銷

減少使用、物盡其用、再次感興趣！（reduce, reuse, re-engage!）如果為了支援行銷方案的其他面向，早已創作了思維領導力影片，在社群媒體上重新利用這些素材會是展開社群影片策略的絕佳起點。

社群媒體跟 YouTube 很像，這個管道讓你幫助他人、贏得信任，與還不認識你的品牌的觀眾建立關係。因此，你應該把力氣放在分享真正管用而且容易分享的影片內容上，遠離那些感覺像是「行銷」或「推銷」的內容。

說得更確切些，用產品示範或定價影片在社群媒體上洗版，是「失去」追隨者並對你的品牌產生負面印象的好方法。重新利用思維領導力影片，或是按照本書前幾章創作新的影片時，請注意，人們在瀏覽自己的動態時，才會無意間發現你的內容。

換句話說，消費者沒有尋找你，是你在尋找他們。

這個模式跟網站或 YouTube 頻道完全不一樣。在網站和 YouTube 頻道上，人們主動尋求資訊，對於要花時間消化內容已做好心理準備。但在社群媒體上，你必須事先分享片長較短的影片，也就是能迅速贏得關注，在 5 分鐘或更短時間內完整看完的影片。理想狀態上，最好不超過 2 到 3 分鐘。

你也可以將現有的長版影片剪輯成短版影片，運用在你的社群媒體頻道上。有人會選擇忽略動態牆 8 分鐘影片，因為它會造成過多干擾，但是會點擊同樣內容的 2 分鐘版本影片，它能提供精采片段和主要資訊。

你可以將長版內容編輯刪減成幾個關鍵訊息與精采片段，接著連結至完整版影片，方便想要更深入了解的人繼續探索。

另一個重點是，重新利用現有影片時，要讓片頭真正有意義。影片的前 5 秒往往是觀看者決定要不要停止往下捲動，並花點心思關注的時候。如果現有影片欠缺引人注意的片頭，做點小幅度更新，為片頭增添點趣味，激發觀眾的好奇心！

你可以為片頭錄製一個新場景，然後立刻提出一個會在影片中回答的重要問題。例如：你是否想知道，如何付少少的錢仍能留住頂尖人才呢？今天的影片〈留住那些高手〉告訴你！或是選出一句簡短醒目的「重要金句」，放在片頭當成預告內容的前導廣告。

在上述任何情況，可以增添一個簡單圖形（甚至搭配某種罐頭音樂）做為片頭到主要內容的轉場，或是直接切入主要內容，保持影片流暢進行。站在觀眾的角度設想，在動態牆上看到影片自動播放，什麼內容會讓你停下來觀看。

27

如何創造社群優先
的影片？

　　除了在社群頻道上分享現有影片，別忘了開始創作新影片，這是有目的而且專門為社群觀眾打造的影片。

　　換句話說，想一想，如果唯一目標是盡可能提高社群頻道的參與度和分享次數，該創作什麼類型的影片？影片該多長，如何處理影片敘事？你期望哪種類型內容在 LinkedIn、臉書、推特、Instagram 上有最佳表現，這會對你的創作產生什麼影響？

　　為社交管道創作新影片時，你可以運用前面曾討論的架構與風格，比如特寫鏡頭、如何做、系列影片等等。不過，為社群媒體觀眾創作內容時，必須考慮某些重要的差異。

　　首先，顧及許多觀看者會在滑動態牆時發現你的內容，這些影片的片長要簡短。因此，保持社群影片長不超過 3 分

鐘。假如實在有太多東西要分享，請將內容切分成好幾部影片。

再來，注意影片的前 5 秒。影片會在社群媒體的動態牆上自動播放，吸引想繼續往下看的興趣。在影片開頭提出重要問題、挑戰一般看法，或運用搶眼的圖像資料，鼓勵觀眾看完剩下的內容。

若想看絕佳範例可以追蹤本書合著者馬可仕‧薛萊登的 LinkedIn 帳號，看看他如何處理社群優先影片。

馬可仕‧薛萊登的 LinkedIn 頁面

28

如何鼓勵員工和品牌代言人使用社群影片？

除了分享事先做好的影片，不妨利用社群媒體的本質，運用員工和品牌代言人的直播影片吧。畢竟，社群媒體的真正力量是值得信賴的興趣型社團分享及時資訊，對吧？

有愈來愈多的企業領導人和品牌代言人轉而使用如LinkedIn和臉書等社交媒體影片，及時提供市場趨勢見解、分享企業新聞，或提供每週靈感。

這些影片通常是以價廉物美的方式，運用手機、網路攝影機，或平價單眼相機，加上少許後製剪輯，甚至可能連剪輯都省略了。

有時只需要拍一次，其他時候可能得拍好幾回。但是這些影片的真正力量在於沒有腳本而且非常真誠。這些影片展現高階經理人和員工是普通人的樣貌，與觀眾建立起融洽的

關係，他們還展現出專業與熱情贏得信任。

授權員工在社群媒體用影片表達意見時，得留意幾件事，確保他們的內容會幫助你和粉絲更進一步，同時也能吸引到新的訂閱數。

從內容的觀點來看，這些影片不能看起來過度製作或照稿演出。再一次，這種帶有感情、真實和樸素的影片風格勝過了製作價值。

從時事角度來看，可以針對即時新聞分享最新情況，或者如果有一份預先決定、跟市場相關的主題清單，可以用簡短影片，每週討論一個主題。

無論採取哪種方法，最重要的事是，社群影片必須維持穩定產出。

第一支影片可能只得到幾十個觀看次數，但是隨著一週又一週，有更多人花更多時間觀看，社群網絡會透過增加未來貼文的影響力來回報你。在理想狀況上，請嘗試讓代言人每週錄製並分享至少一支影片。

這對許多高階經理人來說好像很可怕，可以預先準備一份主題清單，並鼓勵使用自己的手機或網路攝影機每週錄製一支影片，或分批預錄幾支影片，可以讓這件事變得更容易一些。甚至可以命名為「週二祕訣」之類的名字，讓它更有趣，也能半強迫每週都必須產出影片。

起初你可能感覺困難又不自然，但是用不了太長的時間，就會覺得它比寫一封電子郵件更簡單。

　　從分享與傳播的角度來看，這些影片可以分享在公司社群網站的「關於我」頁面，也可以分享在員工或代言人的個人社群媒體檔案中。這麼做不僅能拓展觸及人數，也能讓代言人在社群中成為一種值得信賴的聲音。

　　在社群媒體上，人們傾向於追蹤、信任普通人，更勝於品牌。實實在在的真人更值得信賴、更有趣，也更真實！

29
社群影片檢查清單

　　無論在社群媒體上分享什麼類型影片，成功關鍵在於接受社群消費內容的獨特方式，並且優化做法。參考下列清單，找出確保能從每則社群影片貼文得到最大效益的實際做法：

　　☐ **在前 5 秒鐘就抓住注意力。**影片會在觀眾滑動態牆時自動播放。因此該如何運用視覺資料和腳本，在珍貴的前 5 秒鐘就抓住注意力。在影片開頭提出重要問題（例如「外頭最好的公司如何留住頂尖人才？」），挑戰一般看法（例如「最好的公司不靠高薪留才」），或運用創意視覺元素激發興趣。如果分享的是長版影片，可以做點小小剪輯，在影片一開頭增加一個新場景或一句有說服力的「重要金句」，吸引關注，並創造出一種好奇的氣氛。

□ **運用有趣的視覺風格，以動感畫面輔助。**人類的視覺會受到 2 件事的吸引：動感和人臉。這就是為什麼很難不去看邊走邊講的影片。運用視覺元素和動感對社群媒體特別重要，因為必須和眾多內容競爭，你需要「用注意力破解」。錄製對著鏡頭說話的影片時，運用豐富生動的肢體語言，或甚至硬切換（hard cut）至不同鏡頭角度去贏得注意力，把觀看者吸引過來。

□ **社群媒體影片愈短愈好。**優先創作、分享 3 分鐘以下的影片，以便極大化觀眾參與和分享的可能。在社群媒體上，人們通常期待的是較簡短的資訊，如果長度超過 5 分鐘，他們可能完全不想參與。假如有太多東西想要分享，沒問題！把訊息拆解成多部影片，或是創造一個多集的系列影片！接著把長版影片留給 YouTube 和網站。

□ **並非所有社群網路的套路都一樣。**每個社群網絡對影片長度和格式有自己的限制。也要關心每個社群網路獨特的使用案例和內容風格，以及那會如何影響最能引發觀眾共鳴的影片類型。例如，一支長寬比為 16:9 的橫向影片最適合放在 LinkedIn 和臉書上，而直向或正方形影片放在 Instagram 上感覺比較自然。同樣地，3 分鐘長的「教學」影片很適合放在 LinkedIn 上，而一支短很多的創意「故事」則適合放在 Instagram 上。雖然有點複雜，但好消息是，目

前有多款不同的 APP 和服務能將影片轉成不同社群媒體管道的不同尺寸與規格。

□ **錄音檔轉文字，為影片上字幕。** 大多數人會在關閉音量的情況下觀看影片，因此務必確保他們能透過手動隱藏字幕（closed caption）跟上影片內容。你也可以把錄音檔轉成 SRT 字幕檔，透過編輯字幕，與影片一起上傳。

□ **原帳號上傳影片，不要向外連結到其他頁面。** 如果可行，將影片檔上傳到每個社群網絡的原始帳號上，不要向外連結到 YouTube 帳號或影片的引導網頁。唯有原帳號影片，才能借助每個社群媒體的自動播放功能，貼文才最有可能出現在追蹤者動態牆上。可以透過每個社群媒體網絡的介面直接上傳，或是透過支援此功能的線上影片代管平台，將影片推播至原始帳號上。

30

如何用網路研討會和虛擬活動把活動帶到線上？

如果你是 B2B 行銷或業務團隊成員，很可能對網路研討會（webinar）和虛擬活動（virtual event）形式的線上活動相當熟悉。

無論熱愛或痛恨，這些直播影音活動每次都證明了人們樂意將自己最珍貴的兩種資源：時間、聯絡資訊交出來，換得重要而且切題的線上內容。

網路研討會和虛擬活動在許多產業相當常見而且行之有年，但是近來由於新冠疫情導致旅遊限制、遠距工作政策和取消集會等狀況，受歡迎的程度一飛衝天。大多數現場活動，包括產業商展、客戶大會、特定目的聚會如今都變成了線上形式。

網路教學研討會取代了親自參與活動，成為開發新顧客

的方法。現在有許多企業正努力學習經營線上活動，以便在接下來幾年裡與客戶、潛在客戶保持聯繫。企業也發現，線上活動產生的價值遠高過現場會議，前者的成本也大大低於後者，他們開始懷疑為什麼花了這麼長的時間才做出改變。

無論是經營線上活動的新手，或老練的網路研討會專家，此刻正是重新檢視在日漸虛擬世界定義行銷策略的絕佳時機。

如何舉辦具吸引力、影響力的網路研討會？

簡單地說，網路研討會是以線上虛擬形式進行的一場報告或綜合討論。

網路研討會和到目前為止介紹過的其他影片類型不同，它的長度通常是 30 到 60 分鐘，在特定時間以現場直播的方式發布，而且可能包含與會員觀眾互動的問答時間。通常找一位或多位主持人，用幻燈片、影片或分享螢幕畫面，而且由第三方供應商或公司主辦，做為開發新顧客或吸引現有觀眾的方法。

仔細思考影片 4E，你應該透過分享獨特見解與觀點，

把網路研討會的重點集中在觀眾上，並且透過演講者分享與觀眾密切相關的例子，產生共鳴。

儘管如此，雖然教學和同理心對網路研討會的成功非常重要，可是我也曾參加過活力十足、節奏快、有趣、協力合作，以及對研討主題充滿熱情的研討會。就像那一次網路研討會中，馬可仕彷彿躍出螢幕來到我家，搖了搖我的肩膀，讓我開始認識「他們問，你回答！」的想法。如果你曾看過馬可仕主持網路研討會，你就知道我在說什麼。他的精力與熱情感染力很強，能從數千英里外吸引你並激發你展開具體行動。

或者，換句話說，最好的網路研討會是那些既迷人又帶有感情的研討會。想要確保你的網路研討會能具備所有4E，關鍵在於選擇合適的主題、合適的發表形式，以及，或許是最重要的——合適的演講者。

我最喜愛的是邀請相關產業分析師、研究人員，或者在與類似組織工作者的會議。他們直接對著觀眾說話，分享有效果的想法和個人訣竅，生動的肢體語言和一切，創造出迷人而且有啟發性的體驗。

擬定網路研討會策略時，請考慮下列建議，確保參加者和貴公司獲得最大價值。

舉辦網路研討會的 4 大重點

一、明確的目標和目標出席者

除了選出合適的主題，還要明確定義出網路研討會目標，以及你希望出席者離開時可以帶走的前 3 大要點或下一步。我最喜歡的記錄方法是，以出席者偏好的用語寫下這個目標及主要資訊。

例如，「在這場網路研討會結束之前，我將學會在銷售過程中運用影片。具體來說，我會知道自己需要什麼工具、如何在銷售過程的每個階段使用影片，以及如何衡量銷售影片有多成功。」

此外，確認理想目標出席者並且在規畫研討會時，把出席者或外在形象放在心裡。他們對特定主題最大的恐懼、疑問或憂慮是什麼？為什麼對他們很重要？在消費者旅程中，這位理想的買家在哪裡？

清楚記錄下目標出席者的角色和這場網路研討會的明確目標，有助確保創造出來的成果是你和出席者都想要的。

二、選擇出色的講者

我在本書前面曾說過，而且還要再說一次：如果想要主辦一場讓理想買家不會很快忘記的精采網路研討會，必須引

進出色的演講人才。沒有商量的餘地。

最好的演講者不只知識淵博、洞察力強，也善於將個性、活力和熱情帶進他們的演講中。他們了解如何透過提出高明的問題、創造好奇心、述說有趣的故事來吸引觀眾；這些故事能建立期待感，並保持觀眾 30 到 60 分鐘的注意力。

如果找了錯誤的講者，只是唸出幻燈片上文字，或者用毫無裝飾的銷售簡報淹沒觀看者，出席者會在前 5 分鐘後停止收看或中途退出。

儘管可能很想從公司內部找講者，你不該一直這麼做。可以邀請產業專家、分析師、從業人員，甚至客戶做為節目的焦點。一開始可能聽起來很怪，但是這麼做才能將內容連結性、相關性和信賴度最大化。

三、在形式上發揮創意

大多數網路研討會遵循一種熟悉而且一致的形式。它們的長度從 45 至 60 分鐘，包括一套預先準備好的幻燈片和 1 到 2 位主持人，而且允許會員觀眾在最後提問。

無須害怕打破這個模式，勇敢嘗試新方法！不妨考慮採用綜合討論取代有準備的演講。試驗較短的版本，比如 15 或 25 分鐘長的網路研討會。跳脫幻燈片，改採分享螢幕畫面、內嵌影片，或者讓主持人使用白板與活動掛圖解釋想

法！發揮創意，採用新鮮的想法，千萬別害怕嘗試新事物。

四、利用隨選錄影延續價值

直播完畢後，網路研討會的價值並不會隨之終止。在大多數產業中，只有 20% 到 25% 的網路研討會報名者會確實出現，觀看現場直播。

那麼，剩下 75% 的報名者，還有你知道能從中得到價值的其他數千人呢？不妨借助隨選錄影，讓那些無法參加直播的人重新參與、吸引錯過先前促銷活動的新觀眾，並且在接下來的幾個月中吸引更多人參與。（此外，請舉手表決，當中有多少人報名了某場網路研討會，卻只打算隨選觀看它，而不想看現場直播呢？）

在網站或某個引導頁面舉辦隨選網路研討會，在推播上推廣，並在電子郵件培養方案和內容行動呼籲。

想知道網路研討會的技術供應商以及如何舉辦有吸引力的網路研討會，更多訣竅請參見 Vidyard 部落格文章：www.vidyard.com/blog/webinars

如何運用虛擬活動把現場會議和聚會帶到線上

當新冠疫情在 2020 年初襲來，旅遊限制與保持社交距離幾乎在一夜之間成了普遍的現實。

對於主辦面對面活動的人來說，這是個對令人難以置信的震撼，迫使世界各地的會展公司、活動企畫人員和品牌，重新摸索將人們聚在一起的方法。有些活動直接取消、延期。但許多活動決定靠虛擬體驗，把活動帶到線上。

儘管整體思維必須調整成更適合線上的形式，但也看到許多企業的成果很有趣。

虛擬活動不僅行得通，還讓活動企畫得以少許成本和複雜度，觸及更廣泛的觀眾。在某些情況下，這些虛擬活動體驗也為演講者和出席者開拓了新的互動機會。

聽著，別誤會，我可是現場活動的大力支持者。聚集眾人，面對面交流，創造品牌的共享經驗，絕對威力強大。

虛擬活動無法、未來也不會，取代現場活動。

然而在疫情肆虐期間，每個市場的業務團隊都很快地發現，虛擬活動可以有效做為現場活動策略的替代或補充選項。它們證明，對直播影片簡報、線上拓展人脈、互動式問答，以及在虛擬廠商攤位上即興「會面」等，數位體驗科技

不僅功能齊全，也可以由個別行銷人員大規模使用與管理。

而且，最重要的是，幾乎任何企業，無論規模大小，都可以在各式各樣的預算內舉辦自己的虛擬活動。

跟網路研討會一樣，網路上有無數資源可以學習如何舉辦自己的虛擬活動。許多用來舉辦網路研討會的相同技術，也可以用在創造虛擬活動體驗。當你考慮規畫虛擬活動時，不妨將下列建議納入考量，以便投入最少的資源，卻能為各方人馬創造最大的價值。

一、了解「必不可少」和「可有可無」的特點

虛擬活動可以有多種形式和規模。它們可以是簡單的一系列網路研討會，也可以是複雜的高峰會，包含出席者交流、贊助商、虛擬攤位、尋寶遊戲，還有現場搖滾演唱會！

請留意，隨著活動增加更多功能和複雜度，支援技術的成本和施行與管理的必要資源投入可能也會增加。為了找出什麼最適合你，不妨問問自己以下問題：

希望有多少出席者參加這個直播活動？

對部分或全部簡報來說，直播很重要嗎？

出席者之間的實況互動和交流有多重要？

要怎麼做才能讓活動與眾不同，或是符合品牌承諾？

有活動贊助商嗎？如果有，他們的目標和期望是什麼？

預算是多少？擁有什麼資源可以支援這個活動？

二、擬定管理報名及出席者溝通的計畫

你需要一套合適的系統，在活動之前、期間和之後，管理出席者報名和對外溝通。溝通愈針對性、愈個人、愈及時，效果就愈好。

對於較小型的虛擬活動，可使用既有工具進行管理。例如運用 HubSpot、Marketo 或 Salesforce 進行電子郵件促銷和出席者報名。然而對大規模的虛擬活動來說，這可能很快變成一件複雜而且資源密集的任務。

採用專門舉辦虛擬活動平台的一大好處是，它們為出席者報名、首選場次登記、日曆邀請、及時提醒，以及活動前、後的溝通範本等，提供能立即使用的完整解決方案。這些功能不僅省下時間與力氣，也有助於增加參與這項直播活動的出席者人數。

三、組成搭檔，拓展觸及人數

跟現場面對面活動一樣，不妨考慮招募合作夥伴和互補的廠商支援或贊助虛擬活動。贊助商是向更多觀眾宣傳的絕佳管道，幫助拓展觸及人數，並且大大提高曝光度。

吸引贊助商參與活動的絕佳方法是，提供幾位廠商免贊

助費就可以主持場次活動及使用出席者清單，讓他們向自己的觀眾推廣這項活動並吸引更多人報名。

你還能根據他們成功鼓勵多少出席者參與這個活動，提供不同程度的潛在客戶分享來設置誘因。

四、在形式上發揮創意

跟網路研討會一樣，成功的虛擬活動沒有公式。可以是半天、全天或好幾天。內容可採現場直播、隨選錄影，或兩者混搭。人際交流與問答時間可以用許多不同方式進行。

此外，即使距離遙遠，別忘了大家仍然喜歡玩得盡興和參與分享經驗！發揮創意，別遲疑，和幾家虛擬活動技術廠商聊聊讓活動顯眼的訣竅是什麼，以及如何讓無比真實的觀眾的參與感極大化。

想知道虛擬活動的技術供應商及如何成功舉辦線上活動，更多訣竅請參見 Vidyard 部落格這篇文章：www.vidyard.com/blog/online-events。

Vidyard 部落格文章連結

31

案例：Vidyard 用虛擬活動創造需求

　　我記得和 Vidyard 共同創辦人暨執行長麥可・李特（Michael Litt）第一次的對話。時間得回溯到 2014 年 1 月。那是個寒冷的晴朗冬日，我們在安大略省基奇納（Kitchener, Ontario）市中心喝咖啡，聊聊我擔任 Vidyard 行銷部門主管第一週的心得。

　　我們閒聊著營運、人員，還有預算。當對話轉到行銷與業務策略上，我清楚記得麥可將業務重點放在 2 個相關主題上：擴大事業最快速的方法是成為影片行銷的領導者，建立並支持全球性的行銷人與創造者社群，以及彼此學習，幫助這個社群成功。

　　建立社群。

　　帶領運動。

行銷策略核心因而誕生，直到今天仍舊維持不變。那時候從 30 個員工成長到超過 200 人，顧客群和社群的規模擴大超過 100 倍。但是核心理念依舊沒變。

為了建立如此大的社群和活動，我們很高興地採用本書提到的許多策略，運用影片和其他形式的內容使自己成為領域的佼佼者。

我們投入大量努力做了數百個部落格文章、指南、影片、資訊圖表、研究報告、評量，以及 Podcast 節目，在很多種數位管道上分享知識。也舉辦了數百場網路研討會、有贊助商的重要產業活動，並且主持使用者會議和聚會。

2018 年我們投入了一項新措施，由於它和觀眾觸及狀況、新潛在客戶開發，以及新管道發展有關，很快成為最有影響力的單一方案。它是我們的虛擬活動，名叫「快轉」（Fast Forward），多麼合適的名字！

「快轉」當初是為了做為年度現場活動的替代方案而設計的。儘管現場活動成效卓著而且令人難忘，但是舉辦成本非常昂貴，管理維護也得耗費大量資源。因此 2018 年我們決定休息一下，改為虛擬活動代替。

根據過去舉辦現場活動的經驗，將下列元素納入 2 天的虛擬活動當中：

超過 30 場獨一無二的演說，按內容分成多線同時進

行，吸引多種樣貌和出席者類型。少量的直播演說或專題演講，除了邀請有高度影響力的講者，在活動舉辦期間，有大量的場次可隨選隨看。

為顧客開設一條專道，針對產品，以及其他使用者的最佳實際經驗提供深入探討場次。10 個贊助商和媒體夥伴分別於自己的社群推廣活動，換來潛在客戶分享和主持演說的機會。

透過包羅萬象的內容吸引多種面貌的顧客，再加上陣容堅強的合作夥伴與贊助商協助，我們將這項活動推廣到現有觀眾之外，使得「快轉」在第一年便吸引超過 1,500 人報名和超過 700 位出席者。而且主辦這次活動的總成本不超過 1 萬美元。

活動結束後，大量的潛在顧客轉變成新顧客。在隨後一年間，我們將所有精采的隨選場次轉成不同形式，發表在部落格、行銷電子郵件、社群媒體和推播式行銷活動，榨取出更多價值。

隔年，「快轉」吸引了超過 2,500 人報名。2020 年我們努力擴展為一整年的多場虛擬活動，持續建立和帶領影片活動，目標是吸引和教學社群 5 千名成員。

至於更遠的未來，有無數種可能性！

32

網路研討會和
虛擬活動檢查清單

　　網路研討會和虛擬活動可以是創造認識、吸引觀眾、為業務團隊產生新潛在客戶的強有力工具。靠著正確的主題、講者和形式，可以提供僅次於現場活動或演說的體驗。

　　下列是擬定網路研討會和虛擬活動策略時，可參考的最佳做法：

　　☐ **有明確的目標和出席者樣貌。**除了挑選觀眾會愛的精采主題之外，在籌畫細節之前，必須先有明確的目標和成果或後續步驟。確定目標受眾，並確保挑選的講者和內容形式最有可能引起共鳴。

　　☐ **選擇能讓數位觀眾持續投入的高明講者。**為演說和討論選擇合適的講者能徹底影響內容是否被接受。理想的講者不僅要適合觀眾而且與他們有關聯，也必須具備能以清楚、

引人入勝且有趣的表達能力。讓現場觀眾持續投入 30 分鐘（或更長時間）的演講更難的就是讓遠端觀眾保持參與感！

☐ **處理手法要有創意和新鮮**。不要落入認定需要遵循既定公式的陷阱。針對場次的時間長度、演說風格、支援的視覺資料、觀眾互動性、點對點聊天等等，都要有不同的處理手法。

對虛擬活動來說，運用線上體驗重點輔助演說可以讓觀眾持續保持參與和投入。

☐ **利用合作夥伴的社群擴大觸及範圍**。無論舉辦的是網絡研討會，或應有盡有的虛擬活動，都希望合作夥伴和廠商能協助提高投資報酬率。與其他組織合作可以迅速擴展觸及面，並且為 2 家企業創造雙贏局面。

☐ **直播場次結束後，價值並不會就此終止**。擬定計畫，利用網絡研討會和虛擬活動場次的隨選錄影，讓它在活動結束後很長一段時間仍能持續發揮價值。透過部落格、線上資源中心、電子郵件行銷，還有社群媒體管道，重新利用這些演說讓社群有再次參與的機會。在這些隨選版本自己的引導頁面上重新宣傳，一整年都能產生新的待開發客戶和合格的潛在客戶。

在「考慮和
決定階段」
運用影片行銷

II

33

說明品牌價值並保持原創性

消費者旅程的認識階段往往是行銷中能見度最高，也得到最多榮譽的部分。

因為「認識階段」所創造的內容常有高觸及面和高分享次數的期待，而且可能會花廣告費向新觀眾宣傳。你可以很有趣而且充滿創意，也可以在不同管道上試驗傳送不同的訊息。

然而談到行銷，這類內容不過是冰山一角。在今日的數位自助世界裡，行銷人員在「將認識品牌的潛在顧客轉變成積極參與的買家」過程中扮演了吃重的角色。

當潛在買家進入「考慮和決定階段」後，已經熟悉你的品牌，而你的目標是讓他們產生真正的需求。在這兩個階段裡，與買家互動的主要管道包括網站、部落格和學習中心、

電子郵件行銷、行銷自動化（automated nurture），還有直銷團隊。

在這些階段中，重點應該擺在清楚說明工作內容和方式、跟不同消費者相關的地方，展示你能解決的痛苦和能提供的好處；積極主動地回答常見問題；為潛在客戶和公司的員工建立起個人關係。

像個高明的業務代表般思考與行動，但是要大規模地做。謝天謝地，幸好有影片內容可以幫助你，對吧？

▍讓影片扮演永不歇息的業務代表

就跟「認識階段」一樣，影片的特點讓它在「考慮和決定階段」都很有效。

最新研究指出，大部分「考慮階段」都是運用線上數位資源，自助完成。然而在此階段，清楚說明該做些什麼非常重要，而且當務之急是讓消費者與品牌和員工建立情感。

企業不能只靠業務代表傳達價值主張，回答常見問題，提供示範，或者建立更私人的關係促成交易。愈來愈常見的是，這些變成行銷人員的職責，而這正是影片內容可以成為永不歇息的業務代表，好好大顯身手的地方。

在思考這些階段的影片策略時，請著重在影片教學、創造情感連結，和對消費者需求展現同理心等能力上。

　　在這些階段運用影片進行教學，指的是以清楚而且容易記住的方式，說明工作內容和方式，以及什麼讓你與眾不同。創造情感連結則是關於建立品牌親和力，讓潛在客戶感覺得到啟發而且興奮，因而急於向前邁進。同理心則是以他們能理解的方式，表現出真正了解他們的問題，向他們介紹公司成員，贏得信任。

　　如果能有效地執行這些原則，不僅能轉換而且贏得更多客戶，也能改善整個行銷與業務流程的效能。

34

如何讓網站有見解
而且逛得愉快？

　　許多企業都將官網視為消費者旅程「考慮階段」中促進
需求的最重要管道之一。

　　網站是訪客持續得知解決方案，攸關決定成敗的關鍵因
素。其實，差勁或令人困惑的網站體驗甚至在察覺機會前，
就將它扼殺了，而絕佳的體驗可以將最多疑的潛在客戶變成
信徒。

　　然而許多企業仍在努力，讓官網成為既有見解又令人愉
悅的目的地。而且鮮少有把握在網站清楚說明工作內容，以
及透過有意義的方式，漂亮地幫助訪客與品牌產生連結。

　　影片能在處理數位資產的挑戰中發揮關鍵作用，幫助提
高網站和引導頁面的參與度和轉化率。

　　儘管有些影片可能需要和專業製作公司合作，但許多影

片可以（而且應該）由員工在內部創作。這是展現熱情、知識，以及工作內容背後「原因」的最佳方法。關鍵影片能傳達更有見解而且更愉快的網站體驗，包括：

- 適用於業務和主要產品或服務的「**解說影片**」
- 清楚展現能提供什麼，以及公司如何運作的「**深入探討影片**」
- 回答每個人想知道答案的**透明定價影片**（如同先前馬可仕曾提到的）
- 提高表單提交與註冊轉換率的**引導頁面影片**

接著，將在以下章節逐一探討每種影片的類型。

35

如何在網站上用清楚、簡潔、難忘的方式說明工作內容？

你是否曾造訪某個網站，仔細讀完首頁和主要解決方案後，仍然無法弄清楚他們能解決什麼問題？或者，是否曾對必須讀遍無數段落和好幾打條列項目才得知工作基本原理而感到灰心，其實只要一支簡短影片就會更管用，也能更快消化資訊。

你是否曾經想對著螢幕大喊，「馬上秀給我看！」

我也有這樣的經驗。

而那正是解說影片在企業網站上變得愈來愈常見的理由。因為可以在網站首頁和重要頁面上發表簡短影片，清楚簡潔地講述故事，並解釋某些對你很簡單、但對潛在客戶可能非常複雜的想法。

畢竟，假如一圖勝千言，一支 2 分鐘的解說影片勝過

360 萬字。在網站的關鍵之處提供有效的解說影片，可以為你和網站訪客帶來一些好處。

對網站訪客來說，解說影片提供了更有效率了解的方式。影片比較容易消化，更容易具體想像，也能更有效率地利用時間。潛在客戶從一支 2 分鐘影片學到的事，往往比花 10 分鐘或更長時間閱讀文字還要更多。

這類影片也能以更清楚易懂、更難忘、跟觀眾更有關聯的形式講述故事。在影片形式中採用吸引人的故事架構，能讓觀眾更容易理解問題、體會主角的感受，以及為何你的解決方案能幫忙解決。對許多網站訪客而言，解說影片是輕鬆、全部吸收內容的完美方式。

對行銷和業務團隊來說，解說影片是轉化潛在客戶和加速消費者旅程的強大工具。

首先，解說影片能增加「平均網頁停留時間」（time-on-page），選擇觀看影片的訪客更有可能在網站待上 2 分鐘或更久，而不是迅速瀏覽後就離開的訪客。從數位行銷與搜尋引擎最佳化（SEO）的角度來看，這是向搜尋引擎發出的重要信號，代表內容具有高品質和高度相關性，有助於提升網站權重（domain authority）和搜尋排名。

其次，這是對網站訪客進行教學、營造急迫感、激發對解決方案的需求，最快也最有效的方式。

最後，可以透過多種方式重新利用解說影片，協助在網站以外的地方產生需求。解說影片可以是電子郵件行銷和培養方案的有效添加物。從思維領導力轉變成多了解工作後，也在 YouTube 頻道上表現良好。也可以有效地向外拓展客戶和加速交易。

解說影片的典型公式是為主頁創作一段 2 分鐘長的動畫解說，以便快速介紹工作內容。然而，考慮到對影片的渴求日益增多，對真實可信內容的需求也不斷增加，今日解說影片發揮所長的機會已遠遠不只如此。解說影片可以是動畫或實景真人形式，而且可以運用在網站主頁、產品或服務總覽頁面、主要引導頁面，以及可用一支簡短影片輕鬆回答嘗試說明的某複雜主題，或訪客可能提出問題的任何頁面上。

不需要在網站每個頁面都放上解說影片。但是強烈建議仔細瀏覽網站的每個主要區塊，問問自己：如果放上一支影片，能否能更清楚地述說故事、解釋某個想法，或者及時回答訪客觀看該頁面時可能會有的疑問。即使只是「真的值得花時間填寫那張表格嗎？」的問題。

網路上有許多的企業解說影片實例。Vidyard 的影片靈感中心（Video Inspiration Hub）收藏了各式各樣的範例。你也可以隨意瀏覽 Vidyard 網站，裡頭有主頁解說影片、解決方案層級的解說影片，到處都有大量實例。

不過，如果想找的是有點不同、能讓 B2B 企業真正脫穎而出的東西，後面介紹的 NetMotion Software 和 Uberflip 的團隊就是你正在找的內容。

NetMotion Software 訂製氣球將產品送上天空。此舉清楚說明他們提供的產品是什麼，而這是書面文字無法做到的。Uberflip 叫「ELI5」系列解說影片，它會逗你大笑又好奇想了解更多，是件真正的藝術品。

36

案例：讓人大笑的 Uberflip 解說影片

ELI5 不是《星際大戰》（*Star Wars*）最新的機器人，而是網路上頻繁使用的首字母縮略詞，代表「請用最簡單的方式解釋，就像我只有 5 歲那樣（explain it like I'm five-years-old）。」每當不了解某個主題時，可以用來尋找簡單明瞭的解釋。

Uberflip 團隊和廣告代理商夥伴 OneMethod 在規畫新產品系列解說影片時都有這個概念。

Uberflip 是內容體驗平台，能幫助行銷團隊在網站創造非常吸引人的內容體驗。可是挑戰在於，這是一種非常新穎的軟體，而大多數企業還不了解為什麼需要它。因此，Uberflip 團隊正在尋找新方法，用清楚、簡單、有關聯的方式述說故事，並且借助影片力量，以更私人的方式與觀眾產

生連結。他們不僅想讓每個人都能輕易了解他們在做什麼，也想讓 ELI5 的想法變得鮮活。

在撰寫本書時，登上 Uberflip 網站 www.uberflip.com，就會看見一個可愛的粉紅與白色行動呼籲按鈕，上頭寫著「我們做些什麼」。一旦按下按鈕，你就會被拉進一支幽默短劇中，兩個看起來友善、和藹可親的人在辦公室內聊天。這支影片從一個巧妙的引人上鉤招數開場，立刻凸顯它幽默輕快的調性；你會感覺這支影片應該值得一看。

劇中的第一人是 Uberflip 專家，第二人跟你很像，對 Uberflip 一無所知，也不清楚為什麼會需要「內容體驗」平台的商務人士，

當她隨口問這名專家 Uberflip 是做什麼的，專家立刻展開一場充分演練的簡報，內容充滿大量的艱深詞彙和行業術語。她大吃一驚，說：「哇，慢一點，謝爾頓！你可以用最簡單的方式解釋，就像我只有 5 歲那樣嗎？」（美劇《宅男行不行》〔*The Big Bang Theory*〕的粉絲肯定能體會這個謝爾頓梗！）

這開啟了一連串極富娛樂性的段落，這名專家一會兒是孩童生日派對上的表演者，一會兒又是地下城主，隨後又化身她的上司，說明 Uberflip 在做什麼。

影片的節奏準確，演技精湛，幽默恰到好處。這支解

說影片不只完成了它的主要職責，幫助了解 Uberflip 做些什麼，也讓你大笑、好奇，真心渴望多看一些。請放心，本系列還有其他 3 支解說影片可以滿足你的胃口！

在接下來的影片，這名專家繼續以不同角色解說他們的主要產品，像是棒球教練（想想電影《魔球》〔*Moneyball*〕裡的分析），父親為孩子準備午餐（我可以百分之百理解這個比擬，每個小孩都想要特製午餐），還有我的最愛，主角參加電視實境秀《鑽石求千金》（*The Bachelor*）。我不會繼續描述這些影片了，因為文字就是無法展示他們所有的優秀之處。

我花了些時間訪問 Uberflip 和 OneMethod 團隊，更加了解這個獨特的系列解說影片是怎麼形成的。在訪問過程中學到無數個教訓，但是有幾個重點特別重要，包括：

讓解說影片變得與眾不同的 3 個重點

一、全新的眼光讓你在說明工作時顯得截然不同。

實際上，Uberflip 在翻新解說影片時，曾拍了另外一個版本，但最後卻放棄。

第一個版本腳本由 Uberflip 團隊編寫，他們承認因為和

自己的產品關係太過密切，使得遠離行業術語和「從產品的角度說話」變得異常困難。

於是他們找 OneMethod 合作，對方完全沒有使用 Uberflip 的經驗。因此，OneMethod 團隊被迫學習 Uberflip 都在做些什麼，以及如何從局外人的觀點說明 Uberflip 的工作內容。Uberflip 行銷長藍迪・傅瑞許（Randy Frisch）提到，儘管一開始很難往後退一步，放手讓外部團隊嘗試說明你的工作內容，但最終成品卻令人驚豔，而且廣大的受眾更容易理解。

二、商務人士首先是人。

OneMethod 團隊通常是為大型消費者品牌，如漢堡王（Burger King）、雀巢（Nestle）和耐吉（Nike）執行創意。在消費性產品世界中，他們的內容多半是故事導向、鼓舞人心、幽默和引人注目，也是眾人自然受到吸引的事物。

為大型消費者品牌進行宣傳時，這些想法都很常見，但是在更廣泛的商業內容世界裡，卻時常被遺忘。不過，正如 OneMethod 的文案米區・羅伯森（Mitch Robertson）所說的，商務人士首先是人！他們就像一般消費者，除了想得到資訊，也希望獲得娛樂。而讓他們願意投入 2 分鐘或更長時間的最佳方法是：**用有趣、富娛樂性、有高度關聯的故事傳**

達訊息。

三、確保具備 4E，就能得到特別的事物。

這些解說影片是在更廣泛的商業世界具備所有 4E 影片的絕佳範例，這在單一內容中很難做到。結果，觀眾會緊跟著你，並產生一股想持續了解更多的衝動。

為了你好，請到 Uberflip 網站按下播放鍵，親眼看看這些影片。此外，假如你想知道更多如何變得生動有趣的背景故事，以及他們這一路學到什麼教訓，不妨來 Vidyard 的 YouTube 頻道和看看我的〈創造連結〉（Creating Connections）影片和 Podcast 系列節目。只要尋找標題為「聚焦影片：用最簡單的方式解釋，就像我只有 5 歲那樣——2019 年最強解說影片的鏡頭背後」（Video in Focus: Explain it Like I'm 5—Behind the Lens of the Top Explainer of 2019）的那一集即可。

Uberflip 官網影片

聚焦影片：2019 年最強解說影片的鏡頭背後

37

如何善用解說影片創造美好網站體驗？

解說影片提供網站訪客所需的關鍵資訊，協助判斷是否該繼續多觀看解決方案。因此訊息含量通常很高，長度以 2 到 3 分鐘為限。

一旦看夠內容，確定感興趣，就會願意投入更多時間。許多企業在此階段犯下的錯誤是，**錯把願意投入更多時間視為願意與業務代表談話。**

這就是為什麼大多數網站上的大型行動呼籲「示範影片」（request a demo）或「預約會面」的轉換率通常都非常低的原因。

有些人主張這完全正常；他們願意錯過某些機會，期望獲得準備購買的高潛力潛在顧客的聯繫資訊。這錯失了重大機會，而且無數的潛在買家全都成為漏網之魚，因為他們對

你在做什麼感興趣，卻還不打算跟業務人員交談。

有個簡單的方法可以解決這個問題，既可以利用潛在買家想了解更多的興趣，卻不會產生預約來電的摩擦。你可以在網站上提供新的行動呼籲，例如「觀看示範影片」、「親眼觀看」、「參加導覽」、「看我們的服務運作」。

提供自助式隨選影片體驗，觀看產品或服務的實際效果。這是多麼新鮮而且令人耳目一新！

然而，大多數企業仍舊隱藏這些選項，強迫潛在客戶必須與業務交談才能得知更多訊息。他們會證明在這些時候需要讓業務以各種方式參與其中。「我們得根據他們獨特的需求客製化示範」或「我們不希望競爭對手看見它」。

從表面上來看，這些聽起來像是合理的異議。但實情是，它只不過是一種銷售手法。

想要看見好東西，代價就是得交出你的個人資訊，讓你和業務代表通話。因為一旦這麼做，就更有可能轉換成功（就算不成功，我們也會永遠擁有你的電話號碼！）。沒錯，過去多年來這種方法都運作順利，可是那些日子很快即將結束，企業需要調整做法。

因此，假設你就是潛在客戶，仔細察看網站，親自了解那是什麼樣的體驗。審慎地思考如果惹人嫌的業務會面不再是選項，在零摩擦（friction-free）購買旅程中，下一步應該

是什麼。

　　如果擔心錯失取得電子郵件和電話號碼的機會，別煩惱。重點是讓內容非常有價值，讓人覺得看完影片後不聯絡就顯得太傻。或是讓影片好得令人難以抗拒，感覺起來提交表單交換解鎖內容只是很小的代價，尤其這代表他們不需要通電話。

　　最好的例子之一就是 Marketo 團隊如何透過隨選示範影片，大幅提高網站轉換率，同時也減少新訪客取得資格的平均時間。

38

案例：Marketo 提高網站轉換率 1,103%

　　Marketo 是以轉換為主的網站當中做得很好的範例，畢竟，Marketo（如今是 Adobe 旗下的一員）是行銷自動化（marketing automation）、顧客參與（customer engagement）和數位行銷體驗解決方案的領先供應商。他們的產品是為了幫助行銷人員優化參與度和轉換率，自己的做為長久以來也強烈反應出這一點。

　　幾年前，Marketo 開始大量嘗試影片內容。起初，這為他們的網站創建了更多影片資源、視覺思維領導力內容，以及活動宣傳影片。但是到目前為止，「4 分鐘示範影片」（4-Minute Demo）是他們打造出最具影響力的影片體驗。

　　這個簡易的使用體驗非常出色。當你在 Marketo 的網站上四處瀏覽，幾乎每個頁面上都能看見 2 個主要的行動呼

籲：「請求示範」和「觀看一支 4 分鐘示範影片」。其實，它們不僅有策略地被放在網站頁首和主要頁面上，也醒目地顯示在導覽列中，讓你在捲動頁面時，保持「總在」每一頁的底部。

我的行銷魂立即意識到，這些是 Marketo 真正希望我採取的下一步行動。而且不令人意外地，「觀看 4 分鐘示範影片」很快就成為轉換率最高的行動呼籲，而且遙遙領先。

「起初，影片只是一種直覺。它也許能幫助我們吸引注意力，因此透過 A/B 測試，想知道訪客看了首頁和看完一支 4 分鐘示範影片後，兩者的轉換情形。結果示範影片把轉換率提高到一個令人難以置信的數字：1,103%。

問題是：為什麼？

我有幾個猜測。時間有限的買家期望解說影片和示範影片能幫他們直接切入正題。他們帶著像是『這家公司做些什麼？這適合我嗎？他們能如何幫忙？』等問題，希望能迅速得到回答。除非能確切了解我們能提供的內容，否則沒有興趣和業務談話。隨選示範影片可以省下瀏覽時間，以及減少耗費認識的心力。」

——保羅・馬丁（Paulo Martins），

Marketo and Adobe Experience Cloud 商業數位行銷全球負責人

創造更多點擊率是好事，但接下來的事才真的神奇。

一旦選擇「觀看 4 分鐘示範影片」，就會被引導到頁面填寫表單，以便解鎖示範影片。

這是一場重要的新潛在客戶開發環節，如果大家選擇這個而不是預約會面，。畢竟，你得讓業務團隊保持忙碌！不過，大家真的願意為了觀看影片而填寫表單嗎？他們願意！

特別是當你把影片定位成「4 分鐘示範影片」。4 分鐘聽起來有足夠的價值，值得花點時間（它比 2 分鐘解說影片更深入），卻又不像得耐著性子聽完又長又無聊的產品簡報那樣累人。成交！

接著，等填完表單後，以為自己會進入只有一支 4 分鐘示範影片的頁面嗎？才不呢，你將踏進一場 Netflix 風格的體驗中，可以盡情享用多種 4 分鐘示範影片。每個主要產品都有一支影片對應，如果剛好有興趣，也有一支 25 分鐘的詳盡產品導覽影片。

但是樂趣可不僅止於此！

當潛在客戶開始觀賞示範內容，每秒的參與都會被 Marketo 的影片代管平台 Vidyard 所追蹤，並匯入行銷自動化的潛在客戶紀錄中。因此，如果選擇觀賞 2 分鐘電子郵件行銷示範影片，只看了 30 秒行銷自動化示範影片，接著完整看完 4 分鐘客戶精準行銷（account-based marketing,

ABM）示範影片，這一切全都會被追蹤，確認潛在客戶資格。

接著，這份客戶名單會交給業務團隊立即跟進，掌握他們選擇觀看（或跳過）哪些內容有助於業務團隊以更加個人化的訊息溝通。在這種情況下，可以聚焦在客戶精準行銷上，那顯然正是客戶感興趣的領域。

這種方法是真正的雙贏。

對網站訪客來說，它提供了自助體驗，讓訪客能在隨選環境中了解產品。對 Marketo 而言，它可以提高網站的參與度，創造出對他們的一切了然於胸的潛在客戶，業務團隊只需專注在展現出最大興趣的潛在客戶身上。

這不僅讓網站轉換率提高了 1,000% 以上，也將網站上的新潛在客戶從「詢問」轉化成「有效的行銷潛在客戶」（marketing qualified lead, MQL）的速度快了 6 倍。因此，當點擊另一個主要的網站按鈕「請求示範」後，就會被帶到完全相同的引導頁面解鎖示範影片，也就不令人意外了。

請動手試試看，接著思考主要影片行動呼籲應該是什麼。**別忘了，模仿是最大的恭維。**

39

如何用透明定價影片解釋合理成本並贏得信任？

一旦網站訪客對你做些什麼有了基本認識後，接下來他們會往哪兒去？「聯絡我們」表單？證言推薦？也許是資源中心？

絕不可能。

在買家旅程中，最常見的下一步是前往定價頁面。無論喜歡與否，新潛在客戶的自然本能是，花費更多時間進一步了解「你」之前，他們要先了解「你的定價」。

雖然馬可仕已經從業務層面說明過這類影片，但是這個主題實在太重要，有必要也從行銷面討論。只要思考過以下狀況，就會知道完全合理：如果定價模式與客戶的期待或預算不符，他們就不想再浪費時間瀏覽內容了。

這就像上街購物，看見櫥窗裡有件很棒的外套。在翻找

適合的顏色與尺碼之前，你會先做什麼事呢？會查看標價，看看是否落在預算之內。

如果發現遠遠超出價格範圍，你會立刻離開。但是如果定價和期望相符，或是有人說服你，它值得標籤上的價格。你才會在接下來的 30 分鐘試穿不同尺碼，用手機查看網路評價，並說服自己不買就太傻了。

因此，你可以想像，定價頁面可能是網站最重要的頁面之一。定價頁面上的文案就像是那件漂亮外套上的標籤，提供成本和效益資訊。

但是那張友善的臉孔呢？那個討人喜歡的傢伙提供必要的背景資訊，讓你了解為什麼成本結構是如此，它與市場上其他產品相比如何，以及它為什麼值得這個價錢等等。

那正是影片能發揮功能的地方。

定價頁面上的影片能增添關鍵的人情味。它不需要鉅細靡遺地說明定價模型的每個細節，但是它在這個關鍵時刻、以非常個人且值得信賴的方式說明你的商品的價值。

具體來說，探討成本和定價的影片要做以下 3 件事：

1. 指出讓產品或服務的成本上升或下降的所有因素。

2. 以開放、誠實的態度討論市場狀況；為什麼類似的產品或服務價格比較便宜或更昂貴等等。

3. 談論產品或服務，以及成本結構，也就是價值主張。

這和零售商店店員如何在現場銷售進行定價對話，沒有什麼不同。

回到前述例子，如果店員解釋為何外套比其他店家的更昂貴，你感興趣的那件外套和市場上其他外套相比如何，還有這件外套為什麼正好適合你，就能贏得你的信任。

透過影片傳達這類資訊，就能克服銷售人員無法直接與買家討論產品或服務所產生的溝通不良。當你請公司成員以自然、對話、誠實的口吻說明定價模式，這樣的定價頁面影片成效最好。盡量減少使用行業術語和首字母縮略詞，並在解釋定價方式時徹底透明。

此外，充分利用圖像資料，讓價值主張更加清晰易懂。舉例來說，如果要說明定價與低價但價值感也比較低的競爭產品相比時，可以運用實際使用產品或服務的圖片或影片片段清楚地彰顯附加價值。

因為，眼見為憑。

40

如何運用影片提高
引導頁面轉換率？

引導頁面（landing page）是網站和數位行銷方案的另一項關鍵要素，它們是網站訪客自行轉化為潛在客戶的方式。

為了方便討論，不妨將引導頁面想成網站上具有資料收集表單的任何頁面，讓人填寫並提交，像是「得到報價」、「預約會面」、「下載指南」或「觀看系列影片」。

老實說，在不曾造訪的網站上被要求填寫表單時，總讓人感到猶豫。我們都曾在網路上遭受某家（或多家）公司傷害。也難怪心中會有揮之不去的信任疑慮，對此抱持提防的態度：

「這家公司會出售或濫用我的個資，危及我的隱私嗎？」

「他們會用大量垃圾郵件灌爆我的電子郵件信箱嗎？」

「業務會狂打我的電話，推銷我不想要的東西嗎？」

「填完表後會發生什麼事？得到的東西值得我去經歷這一切嗎？」

贏得信任的最佳方法是，主動提供這些問題的可靠答案，正面處理這些憂慮。有什麼比簡短的個人影片更適合傳達這樣的訊息呢？

舉例來說，假設在引導頁面填寫表單後，還可以下載由內容行銷專員潔希所撰寫的 PDF 指南，你可以在表單旁加上一段影片，讓潔希，沒錯，真人潔希說明下列訊息：

「您好！我是潔希。我負責撰寫您即將下載的那份指南！根據我們團隊做的最新研究，我們在指南裡提出很多全新想法，衷心希望您會認為這份指南很實用。

不過您可能想知道，它真的值得填寫表單來交換嗎？下載後，我們會不會用垃圾郵件和推銷電話轟炸您？

別擔心，我懂您的疑慮。以下是您提交表單之後會發生的事……」

這樣的影片不僅有助於減輕網站訪客的擔憂，也能讓他們與你的員工和品牌有更多來往，甚至還能提高提交表單，換取下載指南的意願。

當你把影片放上時，記得在旁邊放上顯而易見的標題，

寫上「看看填寫表單後會發生什麼事？」

為什麼要下那樣的標題？因為那正是訪客心中的疑問。

而且說真的，如果在網站上看見影片標題這麼寫，至少會因為好奇去看吧？坦白與透明對現在的買家非常新鮮，像這樣簡短、可信的影片，就是實現它的完美方法。

「但是這種風格的影片真的能提高轉換率，證明創造它們所付出的努力是合理的嗎？」

當然可以。凡是採用這個方法的任何引導頁面，平均轉換率能提升 80%。實際上我們看過許多案例，願意填寫表單的人數增加甚至多達 150%！想想那將會對你的業務帶來何種影響，無論是提供填寫表單換得下載指南、得到報價，或預約一場碰面？

當然，為了產生最佳效果，這些影片愈短愈好，但仍然要明確處理網站訪客可能會擔心的事。讓他們確切知道接下來會發生什麼事，還有如何及何時發生。

例如，在「聯絡我們」表單上，不要只說，「我們很快就會與您聯絡。」而是要更具體：「我們的業務團隊非常高興能與您談話；我們會在 24 至 48 小時內與您聯繫。」

如果可能，也要說明為什麼需要這項資訊，以及未來能提供最相關而且最有用的體驗。

最後，把這支影片放在引導頁面最顯著的地方，並鼓勵

訪客觀看。別讓這支影片成為那些快要不耐煩的訪客最後一根稻草。而是應該凸顯它，讓它成為引導頁面中令人愉快、有人情味的焦點。

這支影片不僅能提高引導頁面表單本身的轉換率，選擇觀看這支影片的人更有可能與品牌進一步互動，或者願意接聽你打去的電話。

瞧，這就是影片的威力。

41

網站影片檢查清單

影片是打造有見解而且令人愉快的網站體驗的完美方法，在轉化更多訪客的同時，能使品牌更加人性化。

如何運用影片保持網站訪客互動，以及將網站與引導頁面的轉換率最大化，下列清單概述了最關鍵、經過實際測試的最佳實務：

☐ **運用解說影片以清晰、難忘的方式敘述曾解決的問題。**解說影片是讓網站訪客了解你能解決什麼問題，以及如何解決的理想方法。它們可以是動畫或實景真人，長度通常是 1 到 2 分鐘。使用敘事的故事架構，將訪客從問題引導到解決方案，並且運用影片的視覺設計，讓訊息清楚、難忘而且真實可信。

☐ **利用深入探討影片展現工作內容和方式。**大家來到網

站，為的是想了解產品！別躲在「聯絡業務」按鈕後頭，請利用深入探討影片展現產品實際的運用，並介紹你如何提供服務。提供隨選、自助的體驗，回答可能遭遇的所有問題。為了開發新的潛在客戶，不妨考慮在關鍵資產的前、後加上一份通關表單（gated form，譯注：為了獲取放在關卡之後的內容，訪客必須提供電子郵件信箱、電話號碼等個人資訊做為「通關門票」）。

□ **在定價頁面上添加簡短影片，創造清晰度和信任感。** 在許多企業網站上，定價頁面是整個網站中最常被造訪的頁面。藉由影片清楚說明定價方式，以及特定客戶能得到什麼價值做為回報。讓貴公司的某個高階經理人或員工親自說明定價，也能在買家旅程的關鍵時刻，注入一種信任與透明的感受。

□ **使用簡短影片提高引導頁面的轉換率。** 在引導頁面上添加包含關鍵表單或行動呼籲的簡短影片，這可以幫助提高轉換率。找一名員工擔任主角，清楚說明採取下一步帶來的好處，以及填寫表單後會發生的事。直接處理訪客在這個重要時刻可能會有的任何擔憂或疑慮。

42

如何為電子郵件的行銷和培育流程注入活力？

　　一旦有人在網站上表明身分而且主動選擇進行交流時，通常是放入自動化電子郵件行銷方案名單中。

　　電子郵件行銷最常見的目標是，與已知潛在客戶維持互動並增加品牌知名度，持續教育潛在買家並隨著時間對解決方案產生需求，以及宣傳新的或重要的活動，目的是重新吸引陌生的潛在客戶。

　　對某些人來說，電子郵件行銷是一次性溝通方法分享全新內容或活動。對其他人而言，它可能包括精心規畫的電子郵件培育流程，這些流程會根據規則和過濾方法，例如上次造訪網站的時間、關注特定內容主題、有時間限制的涓滴行銷活動（drip campaign，譯注：是指將訊息一點一滴地傳達給潛在客戶，期望透過長期反覆曝光，在心中留下品牌印

象，進而採用產品或服務）等等，隨著時間流逝自動傳送個人化內容。無論如何處理電子郵件行銷，這年頭要讓人注意到電子郵件，是前所未有地困難。

大多數人忽略看起來像是垃圾郵件、銷售簡報或行銷宣傳品的任何東西。有點像是你到信箱拿郵件，會扔掉所有看起來像是「垃圾郵件」的信函，最終，你嘆著氣發現剩下的是一疊帳單，也許還有莎莉姑姑寫來的一封信。

其他包括那些來自大小品牌、鮮豔多彩的廣告傳單、卡片和廣告信，全都直接進了垃圾桶。

因此，在今日商業世界中，運用電子郵件的最佳方法是分享有趣且相關的內容，讓大家從中發現價值，並且隨著時間增長逐步建立起關係，等到消費者準備好評估你的解決方案時，就是他們打電話的第一個對象。

但是實際上，品牌發送的大多數電子郵件都是我所說的「黑青訊息」（black and blue message）。因為電子郵件向來都跟文字內容有關連，這類訊息幾乎總是乏味老套的黑色文字區塊和藍色超連結，加上讓人看了想睡、以「下載」和「預定在」等詞彙開頭的呼籲文字。

「黑青訊息」可能有一席之地，但是也可能錯失利用電子郵件做為直接管道，分享任何類型的內容，包括照片、Podcast、訪談等的大好機會，喔，當然還有影片。

43

如何在電子郵件行銷中，運用創意影片，跳脫收件匣框架？

假設你正精心打造一封自動化電子郵件，目的是宣傳剛發表的一份全新研究報告，或是一篇針對「當天熱門話題」所撰寫的部落格文章。

這封電子郵件的主要行動呼籲可以是「下載報告」或「閱讀文章」的連結。或者也可以採用更有趣的路徑，像是「閱讀 1 分鐘摘要」。

會員比較可能採取哪種行動？在某些狀況下，「下載報告」可能會勝出，但是在許多情況下，「觀看 1 分鐘摘要」比較能引起現在受眾的共鳴，認為更有效率地運用時間。

看完影片後，他們可能會覺得相對於付出的時間和注意力，得到了很不錯的價值，而且看完影片後還可以輕鬆鑽研

完整報告。此外，如果這支影片是由貴公司某員工擔任主角，清楚地說明關鍵重點，它也是個機會，能在買賣雙方間建立起個人連結，並在贏得更多信任！

這只是如何在電子郵件行銷中，運用影片的行動呼籲提高點擊率、互動，以及下游轉換率（downstream conversion rate）的眾多範例之一。

談到在自動化電子郵件中運用影片，有個很好的開始是，確認現有的影片和電子郵件行銷或培育策略相符。

首先，不妨從思維領導力影片著手。這些影片的目的是教育受眾並提供獨特的價值，不要讓他們感覺你想賣東西。如果你已為 YouTube 頻道、社群媒體或部落格錄製了相關的影片，可以重新改編用在電子郵件行銷方案中。

接著，使用有創意的信件主旨，裡頭包含「影片」這個詞，激起興趣；把簡短的介紹文案放在內容前幾行，記得提到「簡短」、「2 分鐘」或「專屬」等字眼，讓人難以抗拒。此外，為影片加上一張縮圖，還有一個大大的播放按鈕，這能帶著他們前往引導頁面立刻觀看影片！

這些電子郵件的目的並不是讓某人立刻與業務團隊聯絡，而是重新與品牌產生互動，以及教育他們踏上通往長期轉換之路。對某些觀眾而言，有用的影片提醒他們解決你提到的問題，他們需要協助。因此，請確保聯絡業務（或觀看

線上示範影片！）的按鈕永遠就在附近。

跟社群影片策略很像，電子郵件體驗的下一步，就是創造專門為電子郵件行銷和培育方案而製作的全新影片資產。

跟社群媒體不一樣的是，電子郵件受眾應該已經熟悉品牌，而且可能在買家旅程中更進一步，這讓你有機會採用篇幅較長的內容及影片，開始說明工作內容、方式，以及如何幫助他人產生豐碩的成果。

儘管社群媒體的本質是一對多的交流，但是電子郵件行銷可以根據收件人的公司規模、所屬產業、頭銜，甚至是先前的內容消費行為，設立收件人名單，讓行銷更聚焦。

自動化電子郵件行銷的 5 種影片

這種區分能在分享影片內容時，能更加具體而且個人化。在自動化電子郵件行銷與培育方案中，成效良好的影片通常包括：

• **高水準的思維領導力影片**：具有廣泛的吸引力，通常運用在自動化電子郵件培育的早期階段，而且適用於大多數收件者。

• **針對性思維領導力影片**：通常用於自動化電子郵件培

育的中期階段，而且適用於名單上較少數人。

• **顧客旅程影片**：展現你如何幫助其他企業或消費者解決問題或達成其目標的，往往用於自動化電子郵件培育的後期階段。

• **產品或服務的介紹影片和線上示範**：鼓勵受眾針對產品或服務進行自我教育，往往用於自動化電子郵件培育活動的後期階段。

• **客製化影片**：用來支援特定優惠、活動、產品或服務投入市場、內容資產發布等等，通常以及時方式發送，以支援重大優先事項與計畫。

44

如何用信件主旨和縮圖增加互動？

　　一旦找到電子報訂閱者絕對會瘋狂愛上的影片內容，下一步就是以互動率（engagement rate）最大化的方式，把它們納入自動化電子郵件當中。需要密切注意 3 個關鍵的電子郵件行銷成效指標：

　　1. **開信率**（click-to-open rate, CTOR），指的是打開這封電子郵件的人數百分比，取決於信件主旨和預覽文案。

　　2. **點擊率**（click-through rate, CTR），指點擊電子郵件主要連結或行動呼籲的人數百分比，取決於優惠是什麼，以及如何被放置。

　　3. **點擊後互動率**（post-click engagement rate）或**轉換率**，指積極參與電子郵件連結的內容或提交表單的人數百分比。也就是嘗試透過電子郵件推動的真實行動。

我喜歡在電子郵件行銷中使用影片的原因是，它不只有單一用途。當你在電子郵件中有效地使用影片，可以影響每一個關鍵成效指標，為成功帶來重大的效應。這一切需要的只是一點點創意、測試和實驗的意願，以及遵循下列幾項「電子郵件中的影片」最佳實務。

提高開信率的最佳方法是，用有創意的信件主旨吸引注意，產生好奇心。

如果電子郵件的行動呼籲包含了影片，不妨在信件主旨加上「影片」二字。最新研究指出，信件主旨帶有「影片」二字的電子郵件比起沒有的電子郵件，開信率高出 19%。你可以自然地把這個詞放進信件主旨，也可以在開頭或結尾加上「影片」二字。發揮創意，玩個痛快，一定要測試不同變數，找出怎麼做才最適合你的業務。

想要最大化影片連結的點擊率，有幾件事要銘記在心。

首先，請以簡短文案在電子郵件開頭為影片鋪陳必要背景。透過提出重要問題、挑戰一般的看法等策略，把影片拱成絕不可錯過的事物，進而激發興趣。無論做什麼，保持引言簡短，讓影片自己說話。

其次，在誘人的引言之後，立刻放上一張又大又美麗的影片縮圖，中間帶有一個播放按鈕。

這樣的視覺能吸引注意，播放按鈕清楚顯示這裡有支

精采的影片可看！運用每 3 秒循環一次的 GIF 動圖做為縮圖，可以增強效果！會動的縮圖可以吸引更多注意，也會帶來更高的點擊率。

第三，將縮圖超連結到可觀看影片的引導頁面上。影片本來就無法嵌入電子郵件中，因此得向外連結到帶有影片的網頁上。但除此之外，還應該在電子郵件文案中，例如縮圖前後放上影片的連結網址。

使用像是「觀看 2 分鐘影片」或「直接收看」等話語，將讀者迅速轉變成觀眾。

最後，但肯定同樣重要的是，想讓點擊後互動率與轉換率最大化，必須留意觀看者抵達目的地網頁後的體驗。

如果使用 YouTube 管理影片，有個選項是直接向外連結到影片的 YouTube 頁面。雖然這很方便，但是考慮到 YouTube 上有許多令人分心的事物（比如那些貓咪影片和電影預告片！），以及缺乏提供額外內容或下一步轉換的控制權，對觀看者或品牌來說，YouTube 都不是理想的體驗。

此外，使用 YouTube 管理影片還會失去追蹤的能力，無從得知那個人是否點擊了播放按鈕，或是對任何額外連結或行動呼籲採取行動。

相較之下，運用網路內容管理系統（content management system, CMS）或影片代管平台管理放在專屬引導頁面的影

片，並從電子郵件連結至該頁面，會是比較好的做法。

　　使用比 YouTube 更先進的影片代管解決方案時，上傳的每支影片都能有自己專屬的引導頁面，為你的業務量身訂做而且可免於廣告干擾。這能讓你將連結網址悄悄放進影片中，當成電子郵件的行動呼籲，就像你那樣精明圓滑。

　　要不，也可以把影片放在網站內容管理系統創造的訂製登錄頁面上，這能對安排網頁版面和塑造品牌、以及影片下方應該納入什麼類型的額外內容與優惠，有更多的控制權。

　　最後，如果使用的是 Vidyard 之類的商務等級影片平台，不僅可以追蹤誰點擊了那部影片的播放鍵，也可以知道看了多久。這很重要，因為接下來你可以在行銷和顧客關係管理（customer relationship management, CRM）工具中，運用洞察數據辨識、篩選和互動最多的潛在客戶，並重新建立關係。

45

電子郵件行銷的
影片檢查清單

　　無論在電子郵件行銷中分享的是哪種類型的影片，永遠要思考如何利用它們，實現提高電子郵件開信率、點擊率、互動率與轉換率的目標。

　　以下最重要而且不可不知的最佳實務，保證從帶有影片的電子郵件得到最大成效：

　　□〔影片〕**在信件主旨上發揮創意與巧思**。在信件主旨清楚表明，這封電子郵件中有精采絕倫的影片正等著他們觀賞。不妨在信件主旨中使用「影片」或「觀看」等字眼，也可以嘗試在主旨的開頭或結尾處加上〔影片〕。盡可能對比測試不同變數，找出什麼方式最適合你的受眾，能讓開信率最大化。

　　□ **用影片內容撩撥觀眾，但別破壞驚喜**。在文案中用

兩、三句話為影片設定背景，保持簡潔直接。運用這份文案抓住注意力，為影片做好準備，並且營造一種觀看的急迫感。不過可別提前爆雷，讓關鍵重點全都露。在提到影片時或在行動呼籲的超連結中，運用「簡短」或「1分鐘」等字眼極大化點擊率。

□ **一張縮圖抵千言。**雖然無法將影片直接嵌入電子郵件中，但還是可以給觀眾僅次於最好的選擇！用一張大大的影片縮圖，正中央再放上一個顯眼的播放按鈕，吸引注意力並提高點擊率。採用循環播放的 GIF 動圖取代靜態圖片，讓點擊變得更難抗拒，看看能否更進一步提高點擊率。

□ **「快看這個！」別忘了讓主要的行動呼籲簡潔明瞭。**不僅要確保影片縮圖超連結到以影片為主的網頁上，也要確定超連結文字或按鈕被放在縮圖之後，做為最後的行動呼籲。那段文字或按鈕可以是很簡單的「馬上觀看」或「看 1 分鐘影片」。

□ **連結到對影片最合適的網頁。**當電子報訂閱者點擊了超連結或影片縮圖，會期待能立刻觀看影片。因此，請連結到影片顯眼而且能迅速觀看的網頁。不要強迫他們往下捲動頁面，或者自行搜尋影片。可以是連結到影片 YouTube 網頁、影片代管平台為影片創設的專屬分享頁面、或者網站或資源中心裡為影片訂製的引導頁面。

□ **從電子郵件點擊連結時，讓影片自動播放**。如果影片上傳到 YouTube 上，只要直接連結到那支影片的網頁，就會自動播放影片。如果影片託管在專屬分享或引導網頁上，也可以透過設定，點選電子郵件的連結時，就自動播放影片。可以設定成影片預設值，或者可以在電子郵件裡的連結末尾貼上像是「autoplay=true」的程式碼，透過此連結載入網頁時，就會自動播放影片。

□ **別忘了隱藏字幕，因為有些人偏好看影片配字幕**。請記住，大家會一邊瀏覽電子郵件收件匣，一邊點擊影片，就像社群媒體那樣，可能沒有打算坐下來戴著耳機觀賞影片。隱藏字幕能讓觀看者在靜音狀態下迅速觀賞影片，同時也能確保盡可能讓最多的觀眾接觸到內容。

46

如何運用影片讓大型活動與內容投資發揮作用？

　　身為行銷人員，我喜歡規畫、執行和優化日常戰術，幫助不斷提高網站流量、追蹤者人數、有效的潛在客戶數，以及新的銷售機會。這是令人很滿意的藝術與科學融合，創造出一部運作順暢、永不休止的行銷機器。

　　但我更喜歡的是打造大型活動，支援令人期待的新產品上市、重大內容資產發表、重要的陌生開發活動、客戶活動等等。對某些行銷團隊來說，一年大約會有一、兩場大型活動。對其他行銷團隊而言，則可能是每季或每個月一場。

　　無論活動舉辦頻率高低，有創意的影片內容都是確保年度最大活動特別突出，並產生最大影響力的理想方法。

透過說故事增強上市時的互動

我曾在多家產品公司服務,支援過 B2C 和 B2B 產品的發表上市。

若說我從這些經驗當中學到什麼?那就是很難讓潛在客戶與顧客真正關心你的新產品或服務。面對現實吧,就發表新產品來說,你面對的風險大過他們的,對吧?錯!

我一再看到的問題是,企業認定他們是發表一項新產品或服務,而不是為顧客解決一個新問題。

我真正體認到這件事大概是 15 年前,當時我在黑莓機公司(BlackBerry,最早的智慧型手機)服務,每次產品改良、每項新的軟體特性與硬體最佳化,全都是為了協助顧客更有生產力才做的。每支新手機與每個新 APP 都不只是一項新產品,而是針對需要解決的問題所提出的解決方案。

當你用這種方式翻轉思考,就很容易明白為什麼當推出新東西時,顧客承擔的風險跟貴公司一樣多。

它也許是解決沒有效率、沒有功用或沒有能力實現目標的問題。也許只是小問題像是完成常見任務或讓工作流程更順暢,或者大問題像是幫助加速公司營收成長高達 30%。也可能是推出某種新服務,能幫助消費者減少負債並改善長期財務狀況。

無論是什麼，目標是講述故事。用容易理解、能激起情感的方式說故事，把問題或痛點變得鮮活具體，從而創造出必須採取行動的急迫感。

怎樣才能做到這一點？運用影片。為了支援新產品或新服務上市，請思考如何把重點擺在新產品或新服務能解決哪些問題上面，說出一個精采的故事。

你可以運用情境式「幽默短劇」把那種痛苦講活，請一位員工在鏡頭前對著觀眾直接說明問題，或是拍攝客戶用其他人也能理解的方式談論這個問題。

一旦展現了這個問題，而且讓觀眾清楚了解之後，不妨就新產品或服務提供一支簡短的預告片，以及一支深入探討影片，說明它如何實際運作。你可以只用單支影片完成這一切，但是創作一支宣傳影片凸顯問題、一支解決方案的預告片，以及第二支教學影片，以更全面的方式說明新產品或服務，通常是有道理的。

潛在客戶或顧客應該在看完影片後，對於新產品或服務的存在原因、能解決什麼具體問題、實際的樣貌，以及如何將它應用在業務或個人生活中等等，有著更清楚的理解。

這是影片 4 E 的完美執行，可以促進更多的需求並進而採用新產品或服務。

電子書、報告和其他主要內容資產

現在，許多企業正在創造高價值的內容資產，像是電子書和研究報告，以便用在集客式行銷、思維領導力，以及陌生開發方案。

如果已經創建了這些內容，就會知道目的是吸引廣大受眾，而且透過不同管道像是網站與部落格、電子郵件行銷活動、社群媒體，甚至是少數幾個第三方付費管道進行宣傳。

要極大化這些資產的範圍和影響力的好方法是，創作簡短的配套影片補充和宣傳你創造的內容。這些影片可以幫忙轉換更多核心內容資產，並且和不打算閱讀報告，但有興趣了解關鍵重點的受眾保持互動。

Vidyard 團隊宣傳年度影片業務標竿報告（Video in Business Benchmark Report）就是個很好的範例。

這份報告的長度超過 30 頁，以 PDF 檔案發表在網站上。直接分享給已知和潛在客戶，同時對於其他所有訪客設下關卡，必須填寫註冊表單才能解鎖，我們努力想要以此進行陌生開發。

跟其他關鍵的內容資產一樣，宣傳「影片業務標竿報告」的管道包括電子郵件行銷、社群媒體，以及 Vidyard 網站「下載報告」的直接連結。

除此之外，行銷團隊還製作了簡短的宣傳影片，期望吸引注意並且認識這份報告。每一部簡短的影片都強調了報告中的關鍵統計數據或重點，讓大家知道可以從這份報告中得到深刻見解（它們就像是短版廣告）。

　　極大化影響力的另一種方法是，創作影片做為書面文字的配套，或者針對主要內容創作完整版本的影片。影片的製作速度相對較快，因為所有的主要訊息和故事架構都已經完成。你可以將已有的內容製作成報告的影片版本，也可以創作一系列短片，把每章做成一支短片。

　　如果找出新的潛在客戶是這些內容的重要目標，你也可以運用潛在客戶開發表單為影片設立關卡，並運用每秒為單位的影片觀看數據，找出最活躍的潛在客戶。

47

案例：Gordian 運用教學系列影片創造出 600 萬美元營收

如果在 Google 上搜尋「格倫·休斯（Glenn Hughes）」，就會找到這位英國搖滾巨星的大量文章。他是貝斯手，先後在深紫色（Deep Purple）、現象（Phenomena）、黑色安息日（Black Sabbath）等搖滾樂團中擔任主唱。

他是個才華洋溢的音樂人，曾協助發起放克搖滾運動（funk rock movement），並在 2016 年獲選進入搖滾名人堂。但是在內容與影片行銷領域中，另一位搖滾巨星創作了他的永恆經典之作，而且證明了不需要大型唱片公司的預算，也能製作出排行前 10 名的暢銷歌曲。

這個男人也叫格倫·休斯，他是 Gordian 內部的影片製作人。

Gordian 是一家舉足輕重的建築軟體、成本數據和採購

發包服務供應商,為建築生命週期各階段提供服務。主要服務對象是政府機關和地方政府,以及醫療保健和教育機構。

當需要進行新的建築計畫時,客戶會找 Gordian 這類公司預估計畫和材料成本、列出可能的建築商與承包商,以及管理整個採購發包流程。

什麼是工程任務合約?

在建築中,成本數據與採購發包是很重要的流程,稱為「工程任務合約」(job order contracting, JOC)。

工程任務合約的詳細內容並不重要,真正重要的是知道「什麼是工程任務合約?」是 Gordian 的潛在買家常問的問題,他們希望自己一直是此議題的絕對權威。如同我們 Vidyard 希望自己是回答「什麼是影片行銷平台?」這個問題的權威。

你肯定也希望自己成為產業中的權威。Gordian 的團隊早就耗費心力創作了各式各樣的部落格貼文、電子書和指南來回答這個問題,這成為集客式行銷策略的一部分。不過,身為新任製作部門負責人,格倫知道,影片會是教育潛在買家這個複雜、多面向主題更有效的方法。

他也了解，如果操作得當，影片不僅能用來吸引新的潛在客戶並增加認識的機會，也能比任何文字更快加速通過買家旅程。

> 「我們的行銷目標不只是產生有效的行銷潛在客戶（MQL），也要帶來實質的進展，引導潛在客戶經歷一趟買家旅程，看見它對獲利帶來的影響。我們認為影片是達成目標最管用的媒體。影片讓我們的品牌、產品和故事變得有人性，也提供詳細的資料分析結果，讓我們能夠追蹤互動狀況。」
>
> ——Gordian 影片製作人，格倫·休斯

格倫和行銷部門同事在 2018 年夏天展開了第一個全漏斗影片活動，叫做「工程任務合約入門」（Job Order Contracting 101）。

透過 5 支系列影片，包含 1 支 1 分鐘預告片和 4 支設有關卡的深入探討影片，向潛在客戶說明關於工程任務合約的必讀知識。包含它是什麼、它如何運作、使用時機為何（運用社會認同），以及如何設立自己的方案。

這些內容大多和已經發表在部落格和指南上以文字為主的內容類似，不過影片能將這些敘述文字，以更真實、迷人

而且難忘的方式變得栩栩如生。

6 個月內創造 600 萬美元營收

最終的結果是，這套分成 4 集、25 分鐘長的系列影片在影片發表後 6 個月，產生超過 2 千萬美元的有效交易，並創造 600 萬美元的營收。

什麼？！那可是非常、非常可觀的數字。這些影片真的這麼神嗎？當然，這些影片本身很不錯。不過，活動的成功取決於其他關鍵因素。

首先，他們用非常聰明的方式包裝內容並商品化，用來達到陌生開發目標。他們沒有將所有影片免費發表在 YouTube 上，而是在自家網站上建立一個引導頁面，只要填寫註冊表單，就能解鎖這套非常有價值的 4 部系列影片。

只要這樣說，大家就絕對願意填寫資料，換取觀賞影片的機會。實際上，這跟發表電子書或研究報告做為開發新的潛在客戶的工具，並沒有什麼不同。

其次，他們用很多不同方式宣傳這套系列影片。他們透過非廣告的社群媒體、付費廣告、電子郵件行銷等等，分享宣傳素材。他們製作了 1 支以〈什麼是工程任務合約？它

如何運作？〉為題的 1 分鐘預告片，發表在他們的 YouTube 頻道上。如果在 Google 的「影片」標籤下搜尋「job order contracting」，這支預告片是寫作此刻影片搜尋結果的排名第一位。

在預告片末尾，觀看者會被引導至 Gordian 自家網站的引導頁面，他們在那填寫資料，解鎖完整的系列影片。

最後，他們採用一秒一秒的影片互動數據追蹤、篩選，並將互動最多的觀看者轉化成銷售機會。運用 Vidyard 的影片代管平台管理和發布這些影片，還結合 Marketo 的行銷自動化與 Salesforce 的顧客關係管理，完成這項任務。

只要有人看完影片，包括他們看了哪支（或哪幾支）影片、看了多久等等的所有細節都會被放進行銷自動化的潛在客戶紀錄中，並採取後續行動。只看了短暫片刻的潛在客戶會被加入自動化電子郵件培育流程中，而那些看得比較久的名單，則會被送到業務團隊手上，立刻聯絡。

電子書和指南能忠實呈現誰下載什麼內容，而影片則提供機會追蹤每個主題的實際互動時間長度，提供最活躍潛在客戶的優先順序。業務團隊肯定會喜歡這一點。

格倫和他的搖滾天團靠著正確規畫與適當技術，將內部製作的系列影片從盤據百大排行榜提升至暢銷冠軍。而今他們有一套可重複套用的公式，可以透過引人入勝的視覺內容

帶來更多交易。

　　想要自己去親眼看看？請搜尋「Gordian Job Order Contracting 101」，並從中汲取靈感。或者可上 Vidyard 的 YouTube 頻道，觀看格倫在〈焦點影片〉節目中說明對影片行銷的整體方法。

　　讚啦，格倫！希望很快看見你入選影片行銷名人堂。

Gordian Job Order
Contracting 101 系列影片

Vidyard 訪談格倫·休斯

48

如何在陌生開發中
促進互動？

　　根據業務性質，陌生開發活動有多種不同形式。也許你
正在宣傳某個現場活動，或者參與重要的產業會議。正努力
為即將舉行的網路研討會宣傳，或者進行吸引新潛在客戶的
新廣告活動。

　　無論採用哪種方案，陌生開發活動目的都是以訊息吸引
目標受眾，並且盡可能讓最多受眾轉換到下一階段，例如點
擊連結、填寫表單、預約會面，甚至是立刻購買。這些能協
助行銷團隊使新的合格潛在客戶數量大大增加，也能加快既
有的潛在客戶需求。

　　雖然不太可能為每個陌生開發活動錄製影片，但是針對
那些期望能有豐厚回報的活動做這樣的努力，應該很值得。
影片可以是配角，幫助讓關鍵的主要資產或訊息得到更多關

注；它可以是主角，影片內容本身就是最有吸引力的亮點。

舉例來說，想想會怎麼處理針對即將舉行的活動，或由線上研討會推動註冊。有很多方法可以同時對新的與既有受眾宣傳，包括社群媒體貼文、推播式電子郵件行銷、相關的思維領導力內容做出行動呼籲、在網站上直接宣傳，以及透過第三方媒體打廣告。

引人注目的影片能支援所有這些管道，提供獨特的方式向受眾展現將會學到些什麼（教育）、介紹分享見解的講者（建立同理心），以及透過更加個人化和創新的方式傳遞，使訊息令人難忘（迷人且感性的）。

我最喜愛的範例是，顧客推薦與社群軟體的領先供應商Influitive 團隊為了推動年度會議 Advocamp 的註冊會員數，創造了非常難忘的影片體驗。

除了透過傳統的內容類型和管道宣傳這項活動，他們也製作了系列短片，為這場會議大幅注入活力。延續「營地（camp）」這個主題，這些影片的拍攝背景是一處夏令營，主角是一名叫做巴克的營隊輔導員，這個虛構角色最後在實體活動現場也將扮演吃重的角色。

巴克直接對著觀眾說話，彷彿正在參加營隊活動，他使用高度相關的夏令營來比喻，說明接下來會學到些什麼。

這些影片不只非常爆笑滑稽（因此令人難忘而且願意

分享），還以其他形式就是無法辦到的方式，把這場活動的主題和情感變得鮮活無比。他們也運用自動個人化（automated personalization）為超過 1 萬名不同的收件者客製化這部影片，將這部影片帶到更高層次。每位目標出席者都收到一封電子郵件，附上專門個人化的創意影片。在整個故事中，他們的名字會出現在榮譽徽章和各種道具上。

透過傳送個人化影片，讓每個觀看者都成為故事的一部分，將電子郵件宣傳的點擊率提升了 800% 以上。想想推播式行銷活動轉換率若能大幅驟增，將會多開心、多滿意呀。

49

案例：羅耀拉大學 成功影片行銷，讓 入學人數大幅上升

談到大學入學申請，現在的高中生有很多選擇。如同雇主競相吸引頂尖人才一樣，企業爭相吸引新潛在客戶，像馬里蘭羅耀拉大學（Loyola University Maryland）這樣的學術機構也必須使出渾身解數，爭取新生入學。

高中生通常會向多所大學提出入學申請，也會被許多大學錄取，但是他們往往會等到最後一刻，才拍板決定接受哪家學校的錄取通知。從學校的角度來看，如何在這段考慮期間從「選校競賽」中脫穎而出是一項艱鉅任務，將對入學人數和收入帶來重大影響。因此，通知並說服被錄取的學生是羅耀拉大學行銷團隊每年最重要的活動。

「從 12 月（申請者最早被錄取的時間）到翌年 5 月 1 日

（回覆是否接受錄取通知的截止日）之間，我們擬定了一套全面的行銷策略，持續和被錄取的學生對話，進而確保學生最後決定入學。我們認識到自己正和許多強大的學校競爭，他們也在這段時間對同一批學生行銷自己學校。從提供的課程到學費和地點，每件事都很重要。我們必須比競爭對手表現得更好。我們得大顯身手。」

——馬里蘭羅耀拉大學部招生行銷主任

吉娜·蒙吉羅（Genna Mongillo）

改變被錄取的體驗

2 年前，羅耀拉大學都是透過郵件通知高中生入學申請結果。錄取者會收到大學寄來的錄取通知書和歡迎禮盒。然而，當羅耀拉大學實施新的顧客關係管理系統（CRM）後，一切全都改變了。

突然間，他們有能力透過數位溝通即時通知學生審查結果。這也為招生與行銷團隊開啟了展現創意的全新機會。

大約在同一時間，行銷傳播組長莎朗·希金斯（Sharon Higgins）從一場高等教育會議上，帶回行銷團隊可以嘗試的新工具。莎朗在會議上偶然遇見 Vidyard 公司，並親眼見

識了個人化影片的威力，她認為可以幫助行銷活動在強敵環伺下脫穎而出。

初步測試了新生的個人化歡迎影片並大獲成功後，行銷團隊想到可以使用這種方法影響學生入學與否的最後決定。支援關鍵的招生活動。

以最有可能轉換的內容進行腦力激盪後，他們提出一個創意概念，打算借助影片的力量，提供真正吸引人而且難以忘懷的體驗。

寄到每個被錄取學生電子郵件收件匣的影片都有一張個人化縮圖。這張縮圖擷取自影片某個鏡頭，學校的吉祥物灰狗伊吉（Iggy the Greyhound）高舉看板，上頭寫著「『某某』，恭喜你」，「某某」會隨著每個收件人而改變。

一旦點擊了縮圖，這名學生就會連結到引導頁面，觀看個人化錄取影片，從而一窺羅耀拉的大學生活樣貌。這些友善的臉孔高聲祝賀他們被錄取，興奮的在校生熱情分享喜愛哪些校園生活。最後，連到一場誓師大會，灰狗伊吉高舉看板，歡迎親自來體驗羅耀拉的一切。

不到一分鐘的時間，這些高中生就會感覺與羅耀拉大學更為緊密，更投入於他們專屬的故事，也更加確定這就是他們想就讀的大學。

一場破紀錄、非常成功的活動

這部影片寄給 8 千多名被錄取學生，但是它的觀看次數並非 8 千次；而是超過 1.5 萬次，來自將近 1.2 萬名不同人，還得到超過 4 千筆線上評論！

這些準新鮮人不僅選擇觀看影片，其中許多人還分享影片。這對羅耀拉的行銷團隊而言是很傑出的結果，實現了近年來新生註冊的最高人數。

> 「這部影片非常成功。是近年來舉辦的所有活動中，點擊率和互動率雙雙創下新高的活動。結合其他行銷內容，創造出近年來大一班級數最多的紀錄。」
>
> ——馬里蘭羅耀拉大學部招生
> 行銷傳播主任吉娜・蒙吉羅

我敢自信地說，這種回應通常不會發生在以文字為主的傳統錄取電子郵件上。

因此，無論想吸引新的學生、員工或潛在客戶，都請考慮視覺故事（無論個人化與否！）能幫關鍵推播式活動提升至更高的互動層次。

50

重要活動與內容影片的檢查清單

無論分享重大新聞，或正舉辦重要的陌生開發活動，影片內容都能幫你脫穎而出，並講述更宏大的故事。

下列清單簡述了必讀最佳做法，隨著線上影片啟動後，可以從重要活動中得到最大收穫：

☐ **具體呈現出痛處，真正引起共鳴**。影片是分享發表新產品或服務的理由，並展現它如何幫忙的理想方式。運用影片內容讓你致力解決的問題變得具體鮮活，並以清楚難忘的方式向客戶確切展示它所提供的內容。

☐ **運用短片宣傳主要內容資產**。如果正採用電子書、指南或研究報告等主要內容資產進行陌生開發，不妨製作宣傳短片，以關鍵重點引誘觀眾，進而產生下載完整內容文件的興趣。

□ **把電子書和指南重新改造成迷人又難忘的影片。**你已經對內容有了詳細計畫，現在用新鮮的方式傳達，吸引更廣泛的受眾！將主要的電子書、指南和報告轉化成教學影片或數集的系列影片，用不同方式包裝並宣傳，甚至用於新的陌生開發活動上。

□ **用創意的說故事方式，推動重要陌生開發方案的互動狀況。**無論想推廣活動、推動網路研討會的註冊、宣傳新優惠，或設法重新吸引休眠的潛在客戶，都可以利用影片的力量講述更宏大的故事，並且讓宣傳內容更富有教育意義、吸引力、感性與同理心。

51

如何用顧客故事影片讓客戶決定買單？

　　沒有人想跟無法提出證明的公司購買產品。反過來說，每個人都想跟大獲高度好評的公司買東西。

　　在當今世界的隨選內容與自助購買旅程中，顧客證言推薦（customer testimonial），或稱「同儕確認」（peer validation）需要容易取得、可輕易發現、真實而且最重要的是——值得信賴。

　　同儕確認有多種形式，比較傳統的是線上評論、顧客心聲，以及書面案例研究。但是在今天，想要展現快樂顧客的成功與滿意，再也沒有比透過顧客故事影片更好的方法了。

創造更有人性、更加個人
而且情感更豐富的顧客故事

顧客故事影片不僅能讓證言推薦感覺更加真實可信，也有機會挖掘出客戶的熱情與情感，讓未來的顧客感到興奮。

雖然書面案例研究能向潛在客戶說明已經實現的成果，但是顧客故事影片是既能注入真實情感，也能更容易理解成真實的人解決實際的問題。此外，如果以正確的方式策畫並拍攝顧客故事，潛在客戶就會在客戶身上看見自己，並渴望成為下一個好故事。

在企畫顧客證言推薦影片時，想要拍出扣人心弦的故事，從而打動觀眾，籌畫（前製作業）、拍攝（製作）與剪輯（後期製作）這 3 個階段全都極其重要。

儘管同樣的原則適用於拍攝的任何影片，不過，對顧客證言推薦影片來說，尤其是如此，因為你沒有機會寫劇本，或在展開企畫前界定故事情節。你通常需要拍攝比最終使用多更多的片段，而且在很多狀況下，最後培育出來的真實故事也許跟一開始預期的有所不同！

這幾乎像是拍攝自己的迷你紀錄片。而且就像任何出色的紀錄片，最棒的顧客故事影片能幫助觀眾理解主角面臨的問題、了解採取的方法和看見的實際成果，並以非常個人而

且人性的方式，與鏡頭上的那些人（他們的同儕）產生連結，最後這一點也許是最重要的。這些關鍵要素能將一則簡單的書面證言推薦轉化成強有力的故事，既能激勵人心又能帶來啟發。

籌畫與拍攝顧客故事影片時，請留意以下適用於製作生命週期各個階段的最佳實務做法：

• **慎選訪問對象**。拍攝對象在塑造故事上扮演著重要角色。請選擇能讓觀眾認為他們是可靠的、說的故事是可信的，而且有能力以清晰簡潔的方式在鏡頭上表述意見。

• **盡可能捕捉多種觀點**。不妨分別訪問 2 人或多人，針對問題與解決方案捕捉多種觀點。這能在後製時有更多彈性塑造故事，也能減少任何受訪者在鏡頭上表現沒那麼出色或不自在的風險。

• **事前研究並預先草擬問題**。讓顧客上鏡頭時，即興發揮鮮少行得通。開始錄影前，必須大致了解他們要講述的故事，並據此規畫提問。訪問過程中若想到新問題，別害怕脫稿發問，但是採訪前要準備好最有可能引起眾人發出驚嘆聲音的問題。

• **認真思考拍攝地點**。盡可能選擇最終實現關鍵成果的場所拍攝顧客故事。如果拍攝對象是個商務人士，拍攝地點通常會是他們的辦公室，或者讓他們和顧客一起出外景。如

果拍攝對象是個消費者，可以選擇公共空間、零售商店，甚至是他們的家中。如果現場拍攝有成本過高或時間的限制，不妨考慮在雙方都會出席的產業會議上進行拍攝，或是從視訊通話錄影中集結零散片段。

• **盡可能從兩個不同的攝影角度進行拍攝。** 運用 2 台攝影機從不同角度拍攝，能在後製中以更自然流暢的方式處理「跳接」（jump cut）。在影片中利用不同角度拍攝你的主體，也能創造出更有趣的動態視覺風格。

• **良好的燈光與收音有助於拍出好影片。** 運用自然、定向的燈光讓顧客看起來很上鏡頭！此外，如同拍攝的其他影片，聲音品質和影像品質同樣重要。盡量使用領夾式麥克風，以便清楚捕捉說話的聲音，並降低任何背景噪音。

• **良好的後製剪輯能成就或毀掉觀眾對內容的關注！** 製作一支 30 分鐘長的顧客證言推薦影片很容易，它可以為觀眾提供完整的故事，只不過沒人想看。

真正的魔力在於，如何將素材剪輯成一支不超過 3 到 4 分鐘長，令人著迷的快節奏影片。從內容提煉出最精華的部分，並使用「輔助鏡頭」內容（如辦公室或家中的片段）和實際使用產品的鏡頭，讓最終的成品充滿活力又迷人。

無論貴公司有無影片製作能力，都會考慮和廣告公司或

自由影片製作人合作，產製最重要的顧客故事影片。專業製作人與影片製作公司往往能提供必要的經驗和設備，以便充分利用顧客在鏡頭中的種種表現，並將提問的答覆轉化成很有說服力的迷人故事。

52

如何施展創意讓顧客故事變得更鮮明活潑？

顧客證言推薦影片是驗證在市場上提出的聲明，以及展現幫助客戶實現成果的理想方法。雖然影片的焦點是客戶和可見的成果，但最終還是跟品牌，還有為什麼應該跟你做生意有關。

因此，這類影片對於身處買家旅程的晚期階段、正在積極尋找解決方案並且考慮多家廠商的潛在客戶而言，是最有成效的。

儘管如此，證言式影片並不是利用顧客故事產生新業務的唯一方法。你可以用其他有趣、可理解而且容易分享的創意方法，讓顧客故事變得鮮明活潑，而且根本不涉及你的產品或品牌。

InVision 的設計破壞者

使用者經驗（user experience，簡稱 UX）設計工具的領先供應商 InVision 的行銷團隊受到用戶激勵，決定製作一支紀錄片，揭露透過轉化設計（transformative design）與使用者經驗破壞市場的那些企業的真實故事。

結果成就了《設計破壞者》（*Design Disruptors*）這部精采絕倫、70 分鐘長的紀錄片。它提供設計圈一種前所未見的觀點，去看待這些高瞻遠矚企業的設計手法。

這部影片跟 InVision 的產品無關，也沒有打算替 InVision 做見證，而是透過為他們的設計師觀眾帶來價值和慶祝成就，讓這些故事變得生動有趣。

由於這些故事的本質並非為了宣傳，因此，這部影片不只在設計界中廣為分享，現在也被教育機構採用，做為「使用者經驗與設計」課程的部分教材。

繼續尋找的賽默飛世爾科技

賽默飛世爾科技（ThermoFisher Scientific）是一家 B2B 公司，但是他產品的最終消費者是真實的人──沒想到吧！

其中有許多人是科學家，每天使用賽默飛世爾的產品從事研究與發現。

賽默飛世爾的行銷團隊了解到，讓這個社群緊密結合在一起的不只是對進步與發現的追求，還有大多數日子都得和失敗的實驗及挫折為伍的現實。

他們利用這些共享經驗，製作了名為《不斷探索》（Keep Seeking）的精采系列影片，分享真實的科學家如何面對日常生活中失敗的人性故事。這系列影片主打的不是演員、產品或重要的統計資料，而是真實人物如何處理失敗，並在逆境中保持積極心態的真誠故事。每支影片的片長都不超過 2 分鐘，但是就在這短暫片刻，你立刻能感同身受，被這些了不起的動人故事深深吸引。這是頌揚這些獨特的人和他們共通的經驗，由最受信任的科學進步品牌賽默飛世爾獻給你。

只要嚴守紀律，不讓這類故事淪為產品或服務的宣傳素材，它們會是建立品牌親和力，並在社群中贏得信任的絕佳方法。這是因為它們的力量源自於真實性，還有大張旗鼓地頌揚社群成員，而非你的公司。

因此，這類故事可以用於買家旅程的每個階段，而不只是在決策階段進行確認。它們在社群媒體和 YouTube 上表現良好，可以提高認識並吸引新的追蹤者。除了讓你的品牌保

持第一個被想到，又不會覺得你總是在嘗試推銷東西之外，它們還可以做為推播式電子郵件行銷與陌生開發方案的一部分，也能以更有情感的方式與受眾產生連結。

　　更重要的是，它們可以用在「考慮與決定階段」，並非展示顧客使用你的產品後可看見的成果，而是證實你跟你的顧客社群的連結有多密切，而你又是多麼了解他們正在面臨的挑戰。

　　這種性質的視覺故事有助於幫你贏得信任與信用，使得大家真心想和你的品牌展開合作。

53

顧客故事影片檢查清單

每位顧客都有故事可說，而每個故事都能幫助你銷售！關於如何運用影片讓顧客故事栩栩如生，幫助你贏得更多人的心和完成更多交易，請參考下列最佳檢查清單：

☐ **利用影片的力量，為顧客故事注入情感與同理心。**影片讓你有機會把顧客證言推薦變成強有力的故事，用更貼近個人的方式打動觀眾。使用影片誘發出顧客的熱情、展現他們的人性，讓他們的故事如此容易理解，使得潛在客戶感覺彷彿在照鏡子。

☐ **策畫是製作顧客故事影片的最重要階段。**在按下錄影鍵之前，請先了解顧客的故事，以及幫忙他們處理過的具體問題。事先準備好問題，並邀請至少 2 人受訪，這樣才能在鏡頭上得到多種不同觀點。

□ **拍攝和製作也是最重要的階段。**讓顧客感覺、看起來和聽起來像明星一樣！備妥良好燈光、清楚收音，以及錄製不同角度的 2 台攝影機。盡可能在實現成果的場所（例如他們的辦公室、住家等地）進行採訪拍攝，也可以在會議現場或透過視訊聊天錄影得到零散片段。

□ **還有後製剪輯也是最重要的階段。**後期製作是所有魔法施展在顧客故事上的地方。找出能支援想講的故事的關鍵答案和引述的話，並將影片去蕪存菁。利用背景音樂幫忙處理影片節奏，運用輔助鏡頭的片段維持視覺趣味。目標是使成品片長不超過 3 到 4 分鐘。

□ **超越證言推薦，讓顧客真正有共鳴。**證言推薦只是分享顧客故事的一種方法。不妨考慮以與他們個人或企業有關，卻跟你的品牌或產品無涉的方式，述說他們的故事。讓顧客成為真正的英雄，這會使你的內容更容易接近而且具有高度可分享性。

第
6
篇

在「售後階段」
運用影片行銷

54

如何運用影片推動採用並將顧客變成粉絲？

　　希望你花點時間，回想你或貴公司最近幾年內曾進行的重大採購。你買了新車嗎？你進行了住家的大規模修繕嗎？也許你採用了管理個人（或公司）財務的新方法？或者實施新的行銷或銷售技術？

　　無論它是什麼，請回想打從你成為顧客以來和那家廠商交手的經驗。在那段時間他們怎麼跟你互動？你現在對他們的品牌和員工有哪種情緒？負面、中立、正面，還是著迷的「老天爺，我就是喜歡這家公司！」

　　那些感覺讓你有多大的可能再次跟他們有生意往來，或者向他人推薦呢？如果你要在網路留下評論，你的評論內容會是什麼？

　　現在，想想你自己的顧客，若提出類似問題，徵詢他們

對貴公司的看法，他們可能會做何反應？

　　你會滿意於大多數顧客對你的品牌抱持「中立」或「正面」情緒，並得到產業平均的淨推薦者分數（net promoter score，簡稱 NPS，指顧客願意向他人推薦你的意向高低）嗎？還是你希望成為出類拔萃的企業，得到產業最佳淨推薦者分數，並擁有狂粉顧客，願意特地向他人宣傳你的品牌？

　　如果你選擇第二扇門，那麼貴公司的每一個人都需要在定義與支持顧客體驗上發揮積極作用。而行銷的職責也不僅限於發表行銷宣傳品和主辦客戶活動。

55

如何加速用戶上手
與採用產品／服務？

　　無論是設有專門的顧客行銷團隊的大型企業，或是得一人身兼數職的小型公司，都有多種方法能創造視覺的影片體驗，從而大規模推動期望的顧客行為。

　　有創意而且個性化的顧客溝通可以有多種方式，用於教育、改善用戶引導體驗、提高採用率和利用率，並產生新的擴張或交叉銷售機會。

　　如果處理時帶有人情味，它也有助於把信任和你的品牌畫上等號，並建立起更個人的關係。

為大型和小型客戶提供一流用戶引導

新顧客註冊後會有一段上手期間（onboarding period），此時你的產品或服務會被啟動，而新客戶會接受訓練，了解如何開始使用產品或服務。取決於你的業務本質，你可能會有專門的客戶經理和「一對一」的用戶引導體驗，也可能是附有隨選客戶支援的自助式知識庫，或是兩者的混合。

無論落在光譜上的哪個位置，由行銷與業務團隊製作的隨選影片內容都很有用，可確保每個客戶（無論規模大小）都能得到迷人、容易親近且易於遵循的用戶引導體驗，讓他們知道你真的在乎他們。

在顧客生命週期的階段，影片的力量比起文字或靜態影像，有能力以更有效而且難忘的方式訓練並教育顧客。

還記得大腦如何處理視覺資訊，並且儲存在長期記憶中嗎？用戶引導愈有效，顧客就能愈快了解產品或服務，並在關鍵的前 30 天變得更加熟練。

對那些無法獲得專人一對一引導體驗的客戶來說，利用影片格外有效。能有效率提升引導的效果，同時仍能提供出色的體驗。儘管思考該如何將現有的用戶引導體驗轉化成一套隨選視覺內容的想法起初似乎很強烈，但是最好的做法往往是從小而簡單做起。無須用華麗的內容和設計精巧的劇本

去博得顧客的稱讚；用戶引導影片可運用網路攝影機、螢幕截圖軟體和手機輕鬆錄製完成。

保持簡單直接，借重內部專家，把焦點放在向顧客清楚說明如何完成常見任務。在多數情況下，用戶引導影片愈短愈好！

與其錄製一支 1 小時長，說明每個特色和功能的影片，倒不如為每個特色、功能或服務錄製簡短的「微型示範」影片。每部影片不超過 5 分鐘長。這個做法勝過錄製長版的用戶引導內容，也能帶來多種好處。

首先，它讓內容創作更加簡單，也更容易散播。如果在錄製某個特色示範短片時出了差錯，你可以輕易地重新開始，也不致耗費太多經常性費用。你也可以邀請行銷、業務與客服團隊的不同員工來貢獻不同的內容。

其次，它讓影片內容能隨著產品或服務的進化而方便更新。假如錄製的是 1 小時長的影片，介紹所有產品，每當只有單一功能改變，要重新錄製整部影片可能會令人洩氣又耗時。但若採用這個「微型內容」方法，只需要重拍特定功能的短片就可以了。

最後，它讓內容更加模組化而且容易客製化。例如，假設某個顧客只能使用限定的一組功能或服務，可以建立一份客製化播放清單，說明那些特定功能，對應於他們購買的服

務創造個人化觀看體驗。

運用影片進行用戶引導時，首要目標是幫助他們在前 30 天內就成功上手，並確保攤開你的解決方案時能夠擁有正向的品牌體驗。

考慮到這一點，不妨鎖定對於實現這些短期目標會帶來重大影響的內容，由此著手。

56

如何增加客戶採用數並擴大使用率？

　　有多少次你買下最讓人驚嘆的產品或服務，結果卻只使用了當初讓你很興奮的一小部分功能？

　　在今天商業世界中，這是非常普遍的情況，顧客在購買某項產品或服務時，渴望能使用所有出色的功能。然而，結果實際上只用了那些功能或服務一小部分。

　　如果發生這種情況，可能會對顧客維繫或重複銷售帶來嚴重風險，並使得嘗試擴大規模或追加銷售的機會幾乎變得不可能。顧客行銷（customer marketing）可以在協助推動認識、採用和利用關鍵產品與服務上發揮關鍵作用，而影片可以是實現這個目標的理想方法。

　　想像一下，新的內部財務系統 FinTastic 的年度合約進行到第 9 個月。

當初購入這套系統，目的是改善應付帳款、應收帳款和採購的效率。然而，由於優先次序的變動、資源限制及缺乏專案控制權，你的部署在前面兩個小組之後陷入停頓。如果事情照這樣繼續下去，那麼 3 個月後要求續約時，討論必定會繞著「沒有充分利用所有功能」這個事實，而非「能多做些什麼來改善」這個狀況。

然而，一封電子郵件突然出現在你的收件匣中，並且附上一支名叫〈5 分鐘搞懂 FinTastic：開始啟用你的採購套裝〉的短片。你點擊播放鍵，這支討喜的影片由 FinTastic 的客服主管擔綱演出，展示如何開始尚未啟用的關鍵功能。在影片結束時，你不僅已經準備好深入研究，決定自己動手來，而且心想：

「哇，他們的客服主管人超級好、非常風趣，我相信他能幫助我們達到更高的層次！」

現在，別以為這是 FinTastic 的事，如果這件事來自你的品牌呢？視覺內容提供機會，不只能以更有效的方式教育顧客如何充分利用產品或服務的潛能，也能讓你的品牌更加人性化，並展現出你誠摯希望能幫助他們取得成功。

簡單加上一張人臉（可信賴的權威人士），以不拘禮

節、親切的語調說話，有助於建立友好關係並大規模地使你的品牌人性化。

當然，這個想法無須隨著產品或服務的採用而停止。影片內容可以清楚展示附加的產品與服務，那可能會帶來追加銷售與擴大的機會。

一旦 FinTastic 的顧客達到一定的熟練度，何不寄給他們另一支〈5 分鐘搞懂 FinTastic〉影片？不過這次展示的是，如何將用途擴大到會計團隊，以便提高數據準確性。

處理這類內容時，儘管發揮創意，想想如何讓它有趣、引人關注，還帶有一點人性。你並非嘗試說服他們成為買家，而是嘗試產生連結，這些活生生的人遇上了你可以幫忙解決的真實問題。

57

如何透過愉快的數位體驗，讓顧客變成粉絲？

顧客行銷現正全力以赴，你會看見更高的採用率、續留率和追加銷售率。棒極了！

好玩的來了，**把滿意的顧客變成狂熱粉絲**。你知道，狂粉就是會立刻推薦你、在社群媒體上公開為你辯護、很樂意給 5 星好評的顧客。

這是多數行銷團隊未曾意識到的事，但是有鑑於買家行為的變化，這可能會是任何行銷與銷售策略中無比重要的一部分。當創造出狂粉時，不只能幫助提高顧客保留率，也能透過真誠的擁戴行動、熱烈讚揚的線上評論和口碑推薦，將目前的顧客群轉變成新潛在客戶的來源。

有多種方法能運用視覺內容提供真正令人愉快的體驗，創造出這類結果。

讓品牌變得有人味並更貼近個人

讓顧客滿意的最簡單辦法是，運用真實可信的影片內容，打破組織內部不同單位成員之間的數位落差（digital divide）。

顧客對團隊成員愈熟悉，就會跟品牌有愈緊密的連結，愈有可能為你說話。如果顧客有專門的客戶經理，雙方很可能親自或透過視訊會議見過面。

可是也為了成功做出貢獻的其他不同部門成員呢？熱情的執行人員、敬業的研發人員、英勇的客服，甚至是出色的會計人員，全都努力讓顧客的採購過程盡可能順利。

有很多方法能讓員工上鏡頭向新客戶自我介紹。就像錄製產品的「微型示範」影片一樣，你也可以為不同部門的員工錄製「微型介紹」影片，根據需要，以不同方式應用。

例如，新顧客加入後，寄送「歡迎來到這個大家庭」影片給他們，內容包括未來可能會與之互動的不同人物的介紹。順帶一提，我說的不是那種羅列姓名、職銜和角色的正式介紹，而是帶有人味的個人介紹，任憑他們在鏡頭前開懷大笑、分享最愛的食譜、炫耀寵物與孩子照片，凡是能讓他們像個真人的事都行！

這種內容能真正逗新顧客開心，讓他們說出：「哇，我

很高興能跟這些人一起工作！」

這也是會被到處分享，在客戶內部建立起品牌知名度的那種「爆紅」內容。

一旦錄好這些介紹團隊成員的短片，就能運用在各種其他用途上。每個人都能把自己的簡介影片加入電子郵件簽名檔，進行數位互動的任何人都有機會認識他們。你也可以把這些影片放在網站介紹團隊成員的頁面上，不但能讓品牌變得人性化，也能向任何人介紹最珍貴的資產。

要不，你也可以在部落格上開一個有趣的新系列文，叫做〈認識團隊成員〉，接著慢慢釋出這些影片，讓讀者認識這些讓所有魔法成真的真實人物。

這看似是個簡單的想法，最後卻能變成對顧客和廣大社群有影響力而且愉快的體驗。

58

如何運用令人驚嘆的文化影片，讓顧客開心？

　　第二種讓顧客開心的方法是，一年到頭傳遞迷人且具娛樂性的活動，這些活動的目的單純是分享感謝，展現貴公司的文化與價值觀，以及建立起對品牌的親近感。這是多數行銷團隊不會主動去細想的那種內容，但是對既有的客戶群來說，卻可能是最難忘、衝擊力也最強的。

　　每個企業該如何運用文化影片（culture video）來取悅顧客，恐怕沒有萬用型的解決方案。一般而言，靈感需要來自公司內部，而且應該真實展現貴公司的文化與價值觀。

Vidyard 怎麼做這件事？

Vidyard 很認真地看待文化內容，因為我們一再發現，顧客最有意義的回應都是發生在引起某種情緒共鳴，進而大笑、微笑，或者感覺與團隊有所連結的時候。

我們的影片內容有些是早早就預先籌畫妥當，而其他影片則是根據趨勢、及時爆紅事件或產業新聞而臨時進行的錄影。例如，當我們看見某個顧客宣布重大消息（也許是募資、併購、股票首次公開發行〔Initial Public Offering，簡稱 IPO〕、新的執行長，等等），我們會找來整個團隊成員，一起在鏡頭上喊出強而有力的——恭喜！

執行長或客戶體驗主管非常支持這類行動，願意弄得更有影響力。我們會直接把這支影片寄給慶賀對象，也會把它分享在社群媒體上。顧客自始至終都對這個花不到 5 分鐘錄製並分享的東西反應十分真誠。

第二個實例，我們的個人化佳節影片絕對是我的最愛，因為我們收到來自顧客的真誠反應，包括以下：

> 「毫無疑問的，這是我最愛的電子郵件。」（考慮到他們收過的電子郵件數量，這句話意義重大！）

「ㄨㄛˇㄅㄜ˙ㄊㄧㄢ，我超愛這個，我寄給所有的朋友了。」（沒錯，他們甚至花時間用注音拼出『我的天』，這是表現得很好的明顯跡象。）

「這搞不好是今年我收到最棒的禮物了。你們真棒。謝謝你們！」（我們的榮幸，真的。）

收到像這樣回應的時候，身為行銷人的我們真的感覺自己成功了。經過這類活動之後，我們不僅感受到顧客群產生了最多的互動，也在下游管道和營收上看見顯著影響，來自那些觀看過影片的顧客。

我們和業務團隊討論過這件事，發現這支影片對許多顧客來說像是個觸發機制，讓他們與客戶經理聯絡，感謝對方帶來這麼愉快美好的體驗，然後在許多狀況下發展成輕鬆地閒聊接下來的一年可以如何幫忙。

▶ 想觀賞這支影片，請到 www.thevisualsale.com。記住，每個顧客收到的影片都是獨一無二，特別為他們客製化的，這讓顧客感覺更開心。

運用文化影片將顧客轉為粉絲的實例包括：

- **用影片慶祝顧客生命週期的里程碑**。例如「周年快樂」影片是慶祝成為顧客的周年紀念日。有許多方法可以把這件事玩得很開心，讓顧客臉上掛著大大的笑容！

- **團隊成員參與趨勢或網路挑戰的影片**。在 2016 年拍的假人挑戰（Mannequin Challenge）影片一直是觀賞次數最多的前幾名，而且許多顧客表示非常喜愛這支影片。只花了不到 20 分鐘拍攝與剪輯。

- **分享投入任何社會回饋或企業社會責任**。或者能展現貴公司員工的文化與熱情的故事。

- **在年初或年末拍些有趣而且有創意的影片**，感謝顧客過去一年來的關照，並對即將到來的一年充滿興奮與期待。

- **用輕鬆愉快的影片慶祝一年裡其他節日**，比如萬聖節、愚人節或西洋情人節。每年 2 月，我們行銷團隊會把一間會議室變成情人節「攝影棚」，讓業務同仁用來錄製個人影片訊息，讓客戶想起他們有多在乎自己。

像這樣的愉快內容有助於品牌變得人性化，也能讓顧客感覺與你的事業和員工有更多連結。而那樣的感受有助於為品牌代言，甚至變身為鐵粉！附帶的好處是，員工會發現，創造這類內容及收到顧客反應的經驗，是很愉快的事。

59

案例：Axonify 運用影片改善顧客互動

你曾經訂閱電子報或追蹤社群媒體帳號，為的不是對他們做些什麼感興趣，而是因為喜歡行銷手法，想追蹤他們得到靈感嗎？我也會這麼做。

那麼，你曾經向某家公司購買產品，只是為了能夠加入他們的顧客行銷清單嗎？我沒這麼做過。但是如果要這麼做，我會買下 Axonify 平台的使用權限，就是為了從他們高明的客戶行銷與溝通得到靈感。

Axonify 是一家採取訂用「軟體即服務」（software-as-a-service，簡稱 SaaS）模式、迅速成長的員工訓練與學習空間軟體供應商。這個平台透過為每個員工提供客製化學習路徑，以個人化方式補足知識上的不足，幫助企業改善處理員工訓練的方式。

在許多方面，為了保持互動與成功，Axonify 的每個客戶都有 2 套極為不同的使用者設定檔：一套是給管理整體員工訓練方案的人（通常是人資），另一套是給員工，他們是這項訓練方案最末端的消費者。如果管理者或終端使用者無法看出這個平台的價值，他們可能很快就會流失。

反過來說，如果產品使用率很高而且品牌情感很高，那麼擴張、追加銷售和引薦的機會就會大增。因此，凱莉・柯特（Carrie Côté）認為她的角色大大地超過顧客傳播。

「使用較多平台功能和看見較多員工互動的顧客，最有可能續約並擴張部署。我們的客戶管理團隊就是負責確保個別客戶能成功，尤其是那些部署較多的客戶，結果他們表現得很出色。

但是我們的顧客行銷團隊在傳達一對多方案給所有顧客層扮演關鍵的角色時，讓顧客對新產品功能產生認識與採用，教育管理者如何提高員工的利用情形，以及讓他們有愉快的體驗，既能人性化事業而且能提高品牌情感。

結果是更高的續約率、淨推薦者分數也獲得改善、帶來新的擴張與追加銷售機會、和我們的品牌與人員產生更密切的連結。」

——Axonify 顧客行銷負責人，凱莉・柯特

雖然 Axonify 投入許多不同方案與顧客持續溝通，影片出現後，成為一種無比強大的方式，能互動、教育、取悅使用者。

透過廣告代理商製作的、內部創作的，以及自助網路攝影機，還有螢幕截圖影片的組合，顧客行銷與客戶管理團隊使用影片支援售後顧客體驗的每個面向，從顧客簽下合約就開始了。

▎ 在顧客生命週期的每個階段擁抱影片

最初的用戶引導和訓練是顧客生命週期中最重要的一個階段。雖然他們的客戶管理團隊為許多新客戶提供了客製化的用戶引導，當 Axonify 的較低層級客戶群擴張，而且新管理者接管了對舊有客戶的指揮權後，這種方法就無法正常發揮作用了。

為了創造更能擴增的用戶引導解決對策，但又要保有「高規格」服務的感覺，他們投資了一系列客戶引導、訓練及「如何做」的影片，希望讓新的使用者透過隨選內容迅速變得強大。這些影片不只是一套個別指導教材，它們針對如何完成常見任務提供了清晰簡潔的說明，以便確保新加入者

能夠達到預期的水平，不至於在轉換的過程中錯失任何事。

　　一旦顧客成功啟用並開始看見解決方案的價值，顧客行銷的角色就會轉換成推動採用和保持使用者受到平台的吸引，這就是魔法真正發生的時刻。

　　自動化電子郵件培育流程現在開始一點一滴地穿透每個顧客，靠著客製化內容協助引導他們踏上身為 Axonify 顧客的旅程。

　　簡短的解說影片讓他們接觸到尚未被啟動的新功能，展示如何運作，以及能提供什麼好處。一支名叫〈認識各種功能〉（Meet the Features）的品牌系列影片被介紹給觀眾，做為了解平台其他部分的有趣方法。這是以電視相親節目的風格拍攝，每項功能被擬人化成，彼此競爭，想贏得注意力，期望自己能成為啟動並帶出去約會的功能。

　　這個娛樂因素讓這個內容非常容易親近、容易吸收，而且值得一口氣看完。結果如何？顧客看完影片後對各種功能更加了解，也更有可能發現自己需要開始使用某項新功能，而那可能讓客戶決定升級！

　　除了將影片納入自動化培育流程，Axonify 還將新產品發布通知拍成影片內容，得到了巨大的成功。

　　在此之前，發布新產品的是文字為主的電子郵件，還有概述更新、修正與可用的新功能的知識文章。然而，點擊率

和互動都很低，最後錯失採用新產品的機會。

不過，靠著影片，這一切全都有了變化。如今，每一項產品發布都有一支短片清楚說明最新特點為何，能帶來什麼相關的好處。有了影片，他們可以精確展示如何運作，由自家員工、高階主管，甚至是產品開發者擔綱演出，還能建立起更強的連結感受。

從文字轉為影片的這個簡單通知舉動，幫助 Axonify 大幅提升了顧客互動和採用新功能。

甚至變得更愉快

我最喜歡這個故事的部分是，Axonify 運用創意影片的概念取悅顧客，並建立持續的品牌關係。例如，最近 3 年 Axonify 每年都額外努力，以真心在乎的方式，祝福顧客有個「愉快佳節」。

在 12 月，當大多數企業忙於寄出用完即丟的賀卡和制式的節慶電子郵件，Axonify 選擇用備受期待的個人化節慶影片，述說一個有趣且難忘的故事，讓每個顧客感到高興。

借用知名的節慶故事，比如電影《北極特快車》（ *The Polar Express* ）和《鬼靈精》（ *How the Grinch Stole Christmas* ），

並運用 Vidyard 的自動化影片個人化技術將每個觀看者帶進故事中，Axonify 的創意故事散播真正的節慶氣氛，並得到回應像是：

> 「這是我收到最～棒的卡片。請把我的意見轉達給整個 Axonify 團隊。過去一年真是太精采了，期待來年能有更多好事發生。」

> 「好，這真了不起！做得好，我要分享給我的團隊成員。我會在 2018 年常聯絡，因為我想把線上訓練提升到另一個層次！」

做為 B2B 品牌，能收到像這樣的回饋意見非比尋常且很有意義。但是真的重要嗎？有助於長期成果嗎？

不妨問問客戶之一某家大型電信公司，儘管 Axonify 的顧客行銷與客戶管理團隊不斷努力想得到對方的注意，但是幾個月來這個客戶對任何訊息都毫無反應。他們卻幾乎是立刻回應了這封影片電子郵件，接著，在假期結束後雙方重啟對話，客戶決定擴大他們的部署。

Axonify 運用同樣有創意的影片提高顧客互動，宣傳年度顧客大型活動，並增加顧客忠誠方案的註冊人數。他們甚

至透過戲謔地模仿詹姆斯‧柯登（James Corden）的爆紅節目《車上卡拉 OK》（*Carpool Karaoke!*），讓自家高階主管更為人性化。因為，有什麼方法能比讓顧客觀賞高階主管與其他顧客歡唱卡拉 OK 有點尷尬的影片，更能聯繫顧客的情感呢？

「從除了發布通知之外，與顧客進行少量的一對多溝通開始，逐步發展到建立起一份成熟的自動化傳播行事曆，影片在每個階段都扮演著不可或缺的角色。如今顧客會期待、也喜愛我們定期分享的教學和娛樂性影片，幫助他們和 Axonify 一起變得更好。

現在顧客會觀賞我們的每一支影片，就連那些將近 4 分鐘的影片也不例外！顧客和員工的回饋意見都極為正面，他們真心感謝我們運用影片，以更有效的方式分享知識，也更個人而且以人性化的方式產生連結。」

——Axonify 顧客行銷負責人，凱莉‧柯特

60

顧客行銷影片
檢查清單

　　談到大規模地與顧客建立更為個人的關係，影片是僅次於面對面接觸的最佳選擇。下列檢查清單將告訴你如何在顧客行銷方案中運用影片推動產品或服務，採用、提高保留率，以及將顧客變成鐵粉：

　　☐ **利用個別指導影片，大規模傳達優秀的客戶引導與訓練。** 對於新顧客學習如何實施、部署或客製化新產品或服務，自助內容影片可能是最有效且最有效率的方法。利用隨選影片以清晰、無進入門檻，並能在過程中建立你的品牌的方式，並教育顧客。

　　☐ **利用主題影片內容推動採用和利用率。** 錄製簡短且迷人的影片清楚說明關鍵功能或產品的好處，並確切展示如何著手運用。將這些影片發布在顧客知識中心，納入顧客電子

報中，並加入持續進行的顧客傳播中，以便讓關鍵功能的認識與採用最大化。

□ **利用影片讓品牌人性化，並且讓顧客與員工產生連結**。創造對你的品牌更個人且富有情感的連結，做為提高保留率和追加銷售／交叉銷售率。將以自家員工為主角的創意影片運用在進行中的顧客傳播、更新、宣傳，以及展現社會回饋方案。運用影片建立同理心，和貴公司的真人建立起更為個人的連結。

□ **讓顧客開心，靠文化內容維持顧客心中的第一名**。利用文化影片，放輕鬆，玩得開心！創作有趣、迷人，甚至個人化的影片慶祝節日，加入某個流行文化趨勢，或者恭賀顧客達到某個重要的里程碑。把你們的關係從 B2B 或 B2C 變成 H2H——人對人！

□ **授權客戶管理和顧客服務使用一對一影片**。透過授權客戶運用所需的工具，傳達影片訊息和傳播，讓視覺顧客互動策略從一對多變成一對一。關於如何傳達視覺客戶管理體驗所需的一切資訊，請參考下一篇。

61

如何為影片行銷定
出優先順序？

有這麼多點子！可是該從哪裡開始呢？我必須承認，這一篇有太多影片如何用在行銷的訊息必須消化。同事從未指責我輕忽細節或缺乏點子。但是冒著壓垮讀者的風險，我想要分享大範圍的範例和最佳實務，因為沒有任何一家企業完全相同。

你能離開並在下周就施行所有的這些想法嗎？沒辦法。前面討論過的案例對企業來說都是該優先考慮的事嗎？可能不是。

因此，該如何為影片行銷定出優先次序呢？就像行銷與業務中的大多數事物，從對顧客與營收產生最直接影響的內容著手。

找出消費者旅程遇到挑戰或效率不彰的地方，運用影片

正面對決！

如果最大的挑戰是建立觀眾，不妨從為集客式行銷、社群媒體、YouTube 和部落格錄製教學影片上著手。把焦點放在產生認識，並透過有用且人性化的影片內容建立品牌。

如果你有一群強大的線上觀眾，但是網站表現落後，可以把努力集中在如何在網站、引導頁面和定價頁面，策略性地運用影片，以降低跳出率（bounce rate）並提高轉換率。

如果你有強大的有效名單資料庫，卻苦於無法將他們轉換成銷售機會，設法將影片用於內容行銷、電子郵件行銷和推播式需求產生方案中，贏得讀者注意力並展示究竟錯過了什麼。

假如你服務於大型企業，有專門的行銷團隊負責不同的方案與管道，請將本書分享給每個團隊，這樣就能在同時間著手處理這些想法。每個團隊都能從運用影片當中受益。

不過，當你開始施行這些想法，踏上成為使用影片的企業之路時，有個關鍵因素可以成就或毀掉長期成功。你必須創造影片的文化，並擁抱自製內部影片文化。不只是行銷部門如此，而是整家公司都得如此，而且必須從公司的最高層做起。

第
7
篇

打造自製影片的
企業文化

62

為什麼公司需要全職攝影師？

那麼假定你認為影片及「展現它」對貴公司向前邁進十分重要。你相信影片開始於銷售的想法，你看見它能行銷上創造巨大機會，現在你想要把一切元素都放在一起。

如果你確實想要變成一家「媒體公司」，並製作精采、有影響力的內容，該如何做呢？為了讓這件事成真，必須接受 2 個重要的現實：

• 某人必須「掌控」（至少最後）內部影片製作——也就是攝影師。

• 團隊必須清楚了解影片的什麼、如何，及為什麼，也樂意學習如何在鏡頭上有效地溝通。

讀到這段文字時，你的第一個反應很可能跟過去幾年

來，和我談到這個主題的許多企業主與經理人的想法一樣：

「為什麼我們公司需要請一位全職的攝影師呢？這個職位
真的有每週 40 小時那麼多的工作可做嗎？」

要回答第一個問題，不妨回顧泰勒和我到此刻為止探討
過的所有類型的銷售與行銷影片。這些影片如果做得好，很
可能要花上攝影師很多個月錄製。

讓我們從另一個角度來看這件事。我的行銷公司
IMPACT 曾和許多不同產業中的組織一同合作處理影片，我
們不曾遇到公司說：「這裡的工作沒有多到需要一個全職攝
影師。」

除此之外，如果你真正了解這一切將往哪兒去，以及攝
影師這個職務對銷售與行銷數字有多大的重要性，你就不會
對請一位全職員工而感到驚訝。在合作過的所有成功顧客
中，在開始錄製影片的第一年過後，我們從未聽見任何人質
疑這個職務的必要性。反倒是，大多數顧客會為「我們該雇
用另一個攝影師嗎？」爭論不休。

在討論該找什麼樣的人擔任攝影師之前，我想為這個職
務提出最後一個論據：10 年內，「攝影師」這個職務對組
織的成功來說，會跟今日的「業務經理」同等重要，一樣顯

眼。你可能會心想,「怎麼可能,你瘋了嗎?」但這是真的。

今日,大多數的組織認為「業務經理」這個職務對他們的成功既關鍵又重要。在很快的未來,攝影師也會是如此。從業務角度來看,他們為公司帶來的財務影響往往會比業務經理更為顯著。

好,現在討論的是聘請攝影師的必要性,讓我們看看究竟「如何」找到合適人選,讓貴公司的影片製作能努力往前邁進。因為這個職務能夠而且將會對成功帶來巨大影響,你不會想要倉促行事或草率而為。第一次就做對,最後將會很值得。

我們在 IMPACT 曾協助數百個客戶與組織尋找攝影師。我們聘雇過一些很棒的員工,但也見過不少完全派不上用場的人。

在 IMPACT 的集客式訓練與影片策略總監柴克‧巴斯納(Zach Basner)帶領之下,教學影片部門蒸蒸日上,他發現以下流程必備的步驟請見本篇後續文章內容。

63

確認攝影師的人格特質

攝影師就是公司的影像說書人。因此，他們必須很適合貴公司文化。他們經常與員工接觸，必須提出並接受批評才能發展出最好的內容。拘謹、過度內向或無法與貴公司文化互相配合的人，都無法勝任這項工作。

有沒有強烈的個人成長企圖心，這一點也很重要。希望他們創作的每一支影片都能比上一支好，因此，你會希望攝影師能夠接受別人的回饋意見。再者，由於影片技術進化飛快，渴望個人發展和持續學習的想法絕對有必要。

此外也要考慮這一點：攝影師也許會是公司裡唯一（或極少數被選中的人之一）專注於影片的人，涉及影片製作的技術細節時，恐怕無法仰賴主管或同事幫忙。在面試過程中，應著重於尋找下列特質：

- 他們能夠與團隊合作，也能獨立工作。

- 他們願意挑起製作過程的責任，也盡其所能完成精采的內容。

- 他們自動自發，把這個品牌當作自己的品牌來對待。

- 他們善於應對建設性批評，也能輕鬆接受他人的回饋意見。

- 他們具有出色的溝通技巧，有能力進行採訪，讓受訪者覺得自在。

- 他們活力充沛，能鼓舞即將被拍攝的其他團隊成員。

- 他們能從觀看者的眼光審視內容，創造最佳體驗。

- 他們是終身學習者，渴望尋找新的學習機會。

個性有趣且朝氣蓬勃的人如果具備影片製作技能，往往會是很棒的攝影師人選。由於組織中有許多人可能覺得在鏡頭前亮相很彆扭（尤其是剛開始的時候），攝影師鼓勵他人的能力可說是跟使用攝影機的能力同等重要。

64

理想的
攝影師學經歷

　　企業常問的問題是，「我們應該要求面試者具備影片製作或相關的學位嗎？」儘管學歷通常是個不錯的指標，但不必把它當成金科玉律。尤其是今日年輕世代的影片製作量激增，常可以看見驚人的內容出自未經「正式」訓練的現象並不稀奇。

　　別忘了，這是個「創意」職務。最終，實際技能才是真正關係重大。以下是敝公司參考的清單，應該能在招募人才時幫你指引正確方向：

相關研究領域

- 新聞
- 教育

- 影片製作
- 平面設計
- 攝影

技術能力

- 精通影片剪輯軟體（最常見的是 Adobe Premiere 或 Final Cut Pro）
- 具有 Adobe After Effects 或 Motion 經驗者優先
- 具有 Adobe Photoshop 和 Adobe Illustrator 經驗者加分
- 能執行研究與採購必要設備
- 能操作相機、錄音器材、錄影機和其他製作設備，並能適當維護及校正
- 樂於採用新科技，比如擴增實境（augmented reality, AR）、虛擬實境（virtual reality, VR）等等
- 了解追蹤影片行銷指標的重要性

創作能力

- 精通分鏡、寫腳本、發想
- 了解基本與進階合成技術
- 了解品牌塑造的基本原理
- 注重細節，能夠注意到他人可能會錯過的聲音和影像

品質問題

• 了解社群媒體平台、原生社群影片，以及透過社群通路進行內容行銷的基本原則

影片作品集

• 擁有 YouTube、Instagram 或 Vimeo 頻道
• 擁有個人網站，有代表作選輯

這些只是如何評估經驗和技術水準的一些想法。不過必須知道並非所有攝影師求職者都能完全符合前述衡量標準。

有件重要的事你得牢記在心：求職者必須展現出能為商業品牌故事力加分的特質，而不是只擁有影片知識。的確，這是可以經過訓練和教導的，但是別忽略以下事實：某人擅長「製作影片」，並不代表他也精通製作銷售與行銷影片的藝術。

65

用面試問題挑出
絕佳人選

　　如果求職者已經通過公司文化契合度篩選，擁有必要的技術與創意能力，也具備一份耀眼的影片代表作選集，表示一切進展得很順利。

　　你可以在面試時或招募流程的其餘階段詢問求職者以下問題，這樣一來就能對此人擔任攝影師的能力及到職後會有多成功，產生重要的見解：

- 你最喜歡影片剪輯的哪一部分？最不愛的呢？
- 你會使用哪些網站或資源學習新策略與新技巧，並改善你的技能呢？
- 你不喜歡影片製作過程的哪一部分？
- 什麼是前製中最重要的步驟？
- 你的影片片段並未如你所願呈現的一個例子。學到什

麼？怎麼修正它？

• 你最喜愛的攝影師、頻道主或網紅是哪些人？（如果他們答不出來，這可能是他們不喜歡學習的跡象。）

• 什麼能成就一個完美的影像故事？

• 你在網路上看過哪些做得很差的影片嗎？

• 當你看見某人在鏡頭上做錯了某件事，你通常會怎麼說出自己的意見？你能提供具體的實例嗎？

• 具體來說，你會怎麼處理某人對上鏡頭感到不自在的狀況？

• 你曾經因為工作而得到最嚴厲的意見或批評嗎？（自省能力對這個職務是必不可少的。）

• 照你看來，企業影片和短片有什麼差別？

• 從你目前對我們公司的了解來看，我們的故事述說缺了什麼重要元素？

• 我們公司現在該製作的最重要影片是什麼？

透過這些問題，你可以弄清楚他們有多在行，有多願意接受意見，是否願意接下為貴公司製作出色影片的挑戰。

一旦運用這些具體面試問題審查過求職者後，接下來就是實務挑戰時間了。

66

實作題：拍給我看

　　沒有實際看見求職者能做出什麼，攝影師的面試過程怎能算是完整呢？這就是實作影片任務登場的地方。

　　到了這個時點，求職者也許在面試過程中「說得頭頭是道」，現在看看能否「說到做到」，實際創作一支符合要求規格的影片。

　　這項任務不僅能展現這名求職者的影片技能，也能得知時間管理、創造力、批判性思考、溝通技巧等許多訊息。以下是應該要求的事：

　　• **請求職者拍一支影片說明為什麼想要這份工作。**這能了解他們有多擅長說故事。再者，如何呈現自己也能展現出他們有多了解你的品牌。

　　• **明確指定完成影片的時間，2 到 5 天以內皆可。**這展

現了在時間限制下能表現得多好，能多快完成內容，以及在壓力下能多有創意。

- **要求寫出影片的腳本或分鏡。**這能彰顯在鏡頭與燈光之外的創作過程。許多時候，這就是展開一項新計畫時必須呈現的東西。可以準備得多充分呢？

- **任由發揮創意，跳脫傳統行銷影片的範疇進行思考。**讓他們知道可以隨自己想要的方式說故事，因此可發揮創意並保有玩心。

好了，就這些。為貴公司招募攝影師時，千萬別略過以上列出的任何步驟。拜託，別認為自己的公司是個例外。

我們都知道必須展現它，而不只是嘴上說說。一名全職攝影師和團隊攜手合作，很有可能讓這成真。想擁有一份攝影師職務描述範本做為參考嗎？請至 thevisualsale.com。

67

成功上鏡頭的
3 大原則

現在已經確立成為媒體公司的目標，樂於接受本書介紹過的所有類型影片，也找到了合適的攝影師，但是前方還有一個重大障礙：

▌ 讓團隊參與並接受影片

如同稍早曾討論過的，很多企業的數位銷售與行銷的成功，都始於他們對影片的「什麼」、「如何」及「為什麼」有基本的理解。直到那時，它才能變成「你是誰」的一種文化，從而實現最大潛能。

過去幾年來，我很震驚竟有那麼多公司找我商量，說：

「馬可仕，我們嘗試做影片了。但是在雇用某家影片製作公司並嘗試製作這些影片後，才領悟到──我們在鏡頭前就是很笨拙。」

哎呀，「在鏡頭前就是很笨拙」的心態再次得分。

我在全球跑透透，和聽眾談論銷售與行銷話題。不誇張地說，當聽眾想把影片往後推時，這是排名第一的藉口。另一個常見的藉口是宣稱「可是我的業務跟別人不一樣」。

讓我們換個方法思考這件事，如果你問業務團隊，「你們擅長與人打交道嗎？」他們會怎麼說？

如果他們跟我交談過的 99% 業務人員一樣，他們會立刻高聲說道，「沒錯，我非常擅長與人打交道。」

花點時間想一下。

為什麼多數人會說自己擅長與人打交道，在鏡頭前卻表現得很彆腳？

因為事情根本不是那樣。而這就是為什麼當你和團隊開始把鏡頭看成是人，而不是鏡頭的那一刻起，一切全都開始發生變化。我一而再、再而三地親眼見證這種轉變。

過去幾年來，我花很多時間訓練業務團隊和其他領域專家如何在鏡頭前表現得吸引人。靠著少許幾個訣竅和技巧，再加上一點點練習，你會很驚訝一個人可以多快在鏡頭前變

得不只是自在，同時也令人印象深刻。

　　儘管我們無法在這本書針對鏡頭前的表現進行詳盡分析，但我希望能給你足夠的訊息，讓你和團隊開始改變，這就是為什麼我們要討論成功上鏡頭的 3 大基本原則。

　　如果你承諾遵循這 3 個規則，讓它們變成貴公司文化的一部分，你會很驚喜地發現，你的團隊很快就能在鏡頭前侃侃而談。

原則 1：別停下來

　　你看過電視台氣象記者在颶風或暴風雨中「只管不斷播報」的現場直播嗎？你曾經好奇他們怎麼做到的嗎？這個嘛，對大部分狀況來說，其實他們秉持一個簡單的原則：**無論發生什麼事都不能停下來**。這就是現場直播電視節目的特別之處。

　　當你和團隊拍攝影片也是如此。團隊成員必須了解，無論說了什麼或怎麼說它，無論發生什麼事，只管「繼續前進」。基於下列 3 個事實，這麼做是正確的：

　　• 當錄影者知道他可以在錄影中途停下來的那一刻起，就會更容易停下來。

• 我們在鏡頭前犯下的大多數錯誤都能由攝影師透過後製加以修正。

• 透過繼續前進並完成，你會在嘗試往下說的過程中「設法解決毛病」（就像是撰寫某篇文章的第一版草稿），第二次嘗試時能說得更好。

如果你仔細思考「別停下來」這個原則，就會發現這其實是你的業務團隊奉行多年的事。

例如，上次在業務拜訪中突然對潛在顧客或客戶說，「糟糕，我想說的不是這樣。讓我們把整個對話從頭來過，好嗎？」是什麼時候的事？

是的，業務人員剛入行不久就學到，無論在那一刻發生什麼事或說了什麼，都必須繼續說下去。這種心態也應該用在影片溝通上。

原則 2：大不了重拍

雖然不想在某個鏡次或段落中間停下來，但是等到完成後再做一次絕對是可以接受的。

通常在第一次拍攝時「設法讓它成功」（琢磨出嘗試要

說的內容），所以傳達訊息的方式可能不如期望的流暢或犀利。令人驚訝的是，假設堅持遵循「別停下來」原則，第二次嘗試就會表現得比前一次更好，更燦爛的笑容、內容更簡潔明白。

儘管如此，如果遵循這些原則，卻仍需要進行 3 到 4 次以上的嘗試才能「把它說對」，那麼應該先轉移到下一部影片，尤其是比較自在或熟悉的題目。

原則 3：微笑 3 秒鐘

有位智者曾經說過，「微小而簡單的事能成就偉大的事」。影片溝通也是如此，特別是談到微笑的魔力時。

沒錯，微笑。

「好，馬可仕，我知道微笑很重要。」我知道你明白這件事，但實際上，當錄影機的紅色指示燈亮起時，大多數人就會忘記這個簡單的真理。

我們在 IMPACT 教的具體技巧簡單到可能會忽略它。不過千萬別這麼做，因為它真的有效。這個技巧是：先微笑 3 秒鐘，然後再按下錄影鍵。

沒錯，3 秒鐘。為什麼？第一個理由是因為，一旦開始

錄影，你會希望慢慢收起微笑，而非緩緩露出笑容。這能立刻建立起一種溫暖、友善及值得信任的氛圍。第二個理由必須回到神經的主題上。當你真心微笑時，會比沒有笑容時更不容易感到緊張。如果你不相信我的話，請自己試試。真的有效。

因此，請和團隊一起養成這個重大習慣。在每部影片練習「微笑 3 秒鐘」原則，你很快就能看見結果。

68

拍攝影片應該使用腳本嗎？

　　嘗試將影片納入企業文化中的公司最常問的問題是：該不該使用腳本？要回答這個問題之前，不妨思考：上一回業務在銷售場合上，聽見潛在客戶提問後說，「嗯，這是個好問題，讓我拿出腳本把答案念給你聽，好嗎？」是什麼時候的事？

　　這情形很可能從未發生，對吧？

　　因此，如果業務直接面對潛在客戶或顧客時不必使用腳本，為什麼他們在錄製影片時會需要呢？另外，當觀眾觀看影片時，發現有人照稿念台詞的那一刻，就會開始對那個人失去信任，並懷疑起他們的專業程度。

　　團隊中的每個人都是專家，他們早就習慣回答問題。其實，許多人多年來回答了數千個問題。因此，請任由他們對

著鏡頭說話，如同他們跟潛在客戶交談那樣。

這表示不必為這部影片規畫順序，或甚至草擬一份基本大綱嗎？不，剛好相反。如同泰勒先前曾指出，準備工作絕對很重要。不過，重點要多擺在盡可能展現真實與人性，而不是用死記硬背的呆板方式說明。

69

擁抱混亂！

再說一遍，別犯下：邀請影片製作公司來負責拍攝，就直接把團隊「丟到」鏡頭前的錯誤。毫無疑問，這個策略造成的傷害永遠多過帶來的好處。

如同曾討論過的其他事情，員工必須理解影片的「什麼」、「如何」及「為什麼」。他們需要鏡頭表演訓練。

這會花很多時間嗎？絕對不會。

坦白說，書中曾討論過，有關影片的一切可以用 1 天的時間就教完。我的行銷公司成功舉辦超過 100 場關於影片的研討會與訓練營，這些知識不需要弄得超複雜。

雖然真正耗時的，是願意「擁抱」伴隨建立影片文化而來的「混亂」。就像在業務中真正要緊的任何事，這也是有學習曲線的。

如同泰勒在本書開頭曾提過的，它會有點拙劣。並非所有影片拍出來都會如你所願。不是每個人第一天站在鏡頭前就會表現得很出色。不是每部影片都會如預期般一飛沖天。但是它值得你這麼做。

　　因此，請擁抱混亂。熬過學習曲線，當你從另一頭冒出來時，你終會以前所未有的方式實現人性化，並賦予你的業務靈魂。因為我們曾與那麼多公司合力處理過這件事，我知道這是真的。你也將會親自體驗到這一點。

70

11 個小撇步，讓你第一次開虛擬銷售會議就成功！

多年來，我一直問我的 River Pools and Spas 的業務團隊同樣的問題：「為什麼我們不能虛擬銷售？」

換句話說，為什麼我們不能運用基本的視訊會議工具（比如 Zoom）和潛在顧客碰面，總是必須長途跋涉，大老遠開車去客戶家中進行業務拜訪？

不過積習難改，而且團隊中沒有人主動做出改變。畢竟，古老格言「鼻對鼻，臉對臉」強調面對面互動極其重要，是許多業務人員奉行不渝的事。

當然，那是在 2020 年新冠肺炎疫情爆發前。似乎在一夜之間，政府頒布新的公共衛生限制，全世界成千上萬的企業撤退到員工家中，所有人都必須全職遠距工作。突然間「鼻對鼻，臉對臉」對業務團隊不再是個可行的方法。

特別是在 River Pools，「保持社交距離」的痛苦逼得我們去做一些早在多年前就該做的事。以前我們一直躲著它，直到這個「新常態」迫使我們行動：**必須透過虛擬的方式銷售地下泳池。**

我們知道必須迅速採取行動，在 2020 年 3 月中旬，正當新冠肺炎開始對美國經濟帶來毀滅性的後果時，我們在公司網站的「索取報價」頁面做了個簡單的改變。

我們在表單上增加了下列這道問題：

「您想試試虛擬銷售體驗嗎？」

這似乎是個非常微小的調整，對吧？然而就在一夜之間，潛在客戶開始湧入，有 90% 的潛在客戶在填寫表單時表示，「是的，我想安排一場虛擬業務會面。」

為了進一步增強這種新銷售方式，我們也錄製了一部「如何做」影片，向潛在顧客展示如何為自己的房子拍照，才能讓我們的業務團隊和設計師看清楚後院的狀況。

有了這些照片，團隊無須實際親臨那戶人家的後院，就能提供積極的潛在買家關於新地下泳池的正確報價。

採用這種全新銷售方法幾週後，業務團隊的每個成員都被它深深迷住了。

其實，其中一人最近說，「我賣游泳池已經好多年了，這件事使我體認到，過去我白白浪費了好多時間。我再也回不去以前做事的老法子了。」

現在，業務代表不必耗費 3 個小時開車往返進行業務會面（光是車程也要將近 2 小時），只需要花 1 個小時進行業務會面。而且他們還能在自己舒適的家中做到。

你可以想像，無論個人和專業角度的效率都迅速激增。業務同仁現在能在某個傍晚完成連續 3 場業務會面……，而且還有時間能坐下來與家人共進晚餐。

展望未來，無論後疫情的「常態」會是什麼模樣，我心中沒有疑惑。我們的業務團隊絕不會走回頭路。虛擬銷售將會是未來業務成功策略極為關鍵的一部分。

想到他們把這件事推遲了這麼久，你不覺得現在這個發展令人震驚嗎？

這裡得到的教訓是，**就算是正向的改變，它的本質還是會製造混亂的。實際上，任何種類的改變都是困難的。除非面臨「不改變就等死」的情境，否則改變不會發生，企業尤其是如此。**

接下來就很容易了。

在 River Pools 的案例中，我們的業務團隊從根本接不到案子變為達成史上最高的銷售數字，這全都得歸功於我們被

迫沒有時間考慮、熱情擁抱這種新獲得的虛擬銷售流程。確實令人著迷。

但是你明白，River Pools and Spas 的成績在這股趨勢中並不罕見。你我都知道，無論是 B2B 或 B2C，每個行業的銷售都走往愈來愈虛擬的方向。

在發生新冠肺炎全球疫情之前，「鼻對鼻，臉對臉」只包含你親自站在客戶面前的時刻。現在，它將包括虛擬會議，而視訊會議技術能充作橋梁，讓雙方聚在一起。

儘管如此，有些錯綜複雜的事物會伴隨虛擬銷售而來，尤其是在 Zoom 或 GoToMeeting 等平台上進行的視訊會議。

我的數位銷售與行銷公司 IMPACT 透過 Zoom 進行虛擬業務拜訪已經有 3 年的時間。如今，在訓練過那麼多銷售團隊，讓他們了解成功的虛擬銷售是什麼模樣，並從旁觀察常犯的錯誤之後，我發現，運用視訊會議進行虛擬銷售有清楚而且通用的「最佳實務」。

雖然看起來很簡單或很明顯，但我敢打包票，它們時常被忽略，尤其當團隊最初努力適應這種全新銷售方式時。

成功虛擬銷售會議的 11 條鐵則

一、千萬別假定潛在客戶或顧客了解這項技術（Zoom、GoToMeeting 等），或以前曾使用過它。你知道人們對「假定」任何事是怎麼說的，對吧？因此，儘管你可能認為潛在客戶或顧客很清楚視訊會議平台是怎麼運作的，但是他們可能跟你想的不一樣。因此，在會議開始之前，你應該找出這項資訊，並附上一支快速解說影片，說明你使用的平台的各種基本事項。

當然，新冠肺炎迫使全球各地的所有人，無論年輕或年長，都必須學習如何使用視訊會議工具。現在，多數家醫科診所甚至提供虛擬看診預約。全球在如此短暫時間內，對此新科技的整體熟悉度已提升至過去無法想像的地步。

二、必須要求所有參與者都開啟鏡頭，不可以有例外。研究顯示，當潛在客戶的鏡頭是開啟的，成交率會提高超過 10% 以上，這完全說得通。我的意思是，想一想，當你正在進行一場視訊會議，但是對方沒有開啟鏡頭，這場會議進行得如何？你能分辨對方是否真的專注於正在談論的話題嗎？儘管一開始可能會覺得不自在，但是你絕不能消極對待這項要求。因此準備和潛在客戶開會時，可以這麼說：「開

會時，我們雙方都要開啟鏡頭，這一點很重要。你需要清楚地看見我、認識我，而我也需要看見你。我們要討論的事情非常重要，我需要能看見你的反應，確定你完全理解我正在說明的內容。

這麼做能防止誤解產生。因此，（對方的名字），星期五的會議可以請你確定開啟鏡頭嗎？」

三、準備幻燈片時，盡量減少文字量。如果幻燈片簡報是一份完整的小冊子，不妨在業務會面之前或之後寄給對方。但是絕對不要把這些幻燈片當成會議的焦點。永遠不能這麼做。當你仰賴文字量很多的幻燈片進行簡報時，潛在客戶花在聆聽說話的時間就會大幅減少，因為他們的大腦將會全被閱讀擺在面前的文字給占據了。這是一場你永遠贏不了的競爭。

四、假如使用幻燈片，在簡報過程中隨情境開啟或關閉「分享」模式，從而引發更有效的對話。潛在顧客看著你的時間愈多，以及你看著他們的時間愈多，效果就會愈好。因此，假如在螢幕上分享幻燈片或影像，而接下來的討論用不上這些資料，請幫大家一個忙，停止分享。

遵循這項鐵則能使這名潛在客戶看見更多的你，因為影

像螢幕會變得比較大，而你也可以看見更多的他們。不在螢幕上顯示其他事物，能減少分心的機率。

五、如果和一群人開會，而他們圍坐在桌邊或坐在會議室裡，記得先寫下每個人的名字。 你曾經在業務拜訪時忘記對方的名字嗎？沒錯，那樣很不好。而且是非常不好。因為許多虛擬銷售會議是由一群人一起坐在會議室或辦公室裡開會，這個明顯的最佳實務是，在對話剛開始時就先請教每個人的大名，並逐一寫在筆記本上，接著進行第 6 項鐵則。

如果擔心弄不清楚哪個名字歸屬於誰，不妨捨棄清單，改在紙上簡單畫張桌子。接著，按照每個人所坐的位置寫下名字。

六、和一群人開會時，提問永遠要指名。 運用「提問時指名」技巧，能讓每個人在對話中保持互動和參與。記住，在虛擬業務拜訪中，比起對著整群人提出一個開放式問題，邀請某人講話永遠都能得到更好的回應，這是大多數業務人員總會犯錯的地方。

當你對著一群人公開提問，往往無意間會把對話弄得很尷尬，因為與會者也許太靦腆怕羞而不敢開口，害怕說服他人。透過每次提問就挑出一個人回應，能大大改善對話的流

動，並且因為共同參與而贏得整群觀眾的更多信任。

七、笑容滿面。我們都以為自己在業務會議上笑容可掬，看起來很開心，直到看了首次視訊業務拜訪的錄影，才知道臉上掛著極度「厭世臉」。就算心情不好，我相信你也注意到，臉上綻放真誠溫暖的笑容能對性情，還有給人留下的印象產生正向影響。因此，雖然這項建議看似陳腐或無關緊要，但是忘記微笑或展現和善親近態度，是許多業務人員的重大弱點。

微笑如此重要的另一個理由是，當你在真實生活中與潛在客戶見面，他們能從頭到腳看見你整個人。然而在視訊對話中，他們可能只能看見胸部以上的你。這代表你愈常露出笑容並展現正向性格，就能對這場對話的情緒和能量帶來愈大的正面影響力。

八、面向光線。你曾有過視訊通話時，對方坐在一扇巨大窗戶前，光線照入，模糊了對方身影，使身為觀看者的你在通話過程中得瞇著眼看螢幕嗎？沒錯，我們都曾有過那樣的經驗。這就是為什麼面向光線（讓光線落在你的前方），而非將光線設置在你的後方如此重要。

其實在大多數情況下，若能有一個正面光源或窗戶面向

你，而且背後完全沒有光源，情況就會比較好。另一個簡單的訣竅是，將電腦螢幕亮度調到最高。

九、挺胸坐直或站立。 最好的溝通鮮少發生在懶散地向後靠坐在椅子上。這就是為什麼雖然多數業務人員不認為這很重要，但是絕大多數演講者和溝通者會在明顯較高的平台上演說。而且他們偏好站著，勝過坐下。

如同演說界的格言「坐下，就永遠得不到全場起立鼓掌。」因此，不妨投資一張立式辦公桌，或者在桌上放一疊書和箱子，墊高螢幕，看看能為鏡頭上的你，還有成交率帶來什麼變化吧。

十、從一開始就把業務拜訪目的說明白。 就像這份清單上的許多最佳實務，這一條也許聽起來很明顯，但是它對影片特別重要。為什麼呢？因為在多數情況下，潛在客戶與買家並不知道這場會議應該往「哪兒」去，很可能是因為從未針對特定產品或服務進行過虛擬業務會面。

因此，請直接告知這場會議目的。說清楚會談哪些事，在討論中，定義成功的要素是什麼，以及能幫助每個與會者瞭解這場會議議程的任何事。

十一、掌控會議進行狀況。這是你的會議，主導它。如果某個東西讓人分心，指出它並加以修正。如果某人的說話態度應該和緩些，要求他們節制點。如果討論需要回到正軌，迅速導正它。當然，每件事都要做得得體。但是請記住，一旦獲得客戶的信任，最後還贏得他們的生意，這些短暫的不適都將變得很超值。

如前所述，儘管這每一條建議看似都「不重要」，但加總起來，它們能為你團隊的業務成功帶來重大影響。

此外請記住，使用視訊會議工具的另一個好處是，你可以輕鬆地錄下這場通話。這麼做能大幅改善且有效訓練團隊，你可以一邊「看比賽影像」，一邊就團隊（或是自己）能做得更好的地方提供指導和建議。

展望未來

當我們展望視訊業務會議的未來演變時，請記住以下這個絕對關鍵的事實：

必須面對面才能銷售的任何事物，最終都將在線上以數位方式賣出。

無論你認為自己的產品、服務或產業有多「與眾不同」，這項事實沒有例外。我並非笑著說出這個聲明，也不是別有居心。這項事實是身為企業主的我必須適應的事。這就是現況。這就是市場（你、我、我們所有人）的要求。

　　由於這個趨勢發展，我們必須開始重新思考銷售方式。必須重新定義「地區業務代表」之類的事物。必須立即開始提供虛擬銷售選項給潛在客戶和顧客。假如不這麼做，就是甘冒落後的必然風險。

　　因此，請擁抱這個「新常態」。轉換成虛擬銷售流程會很麻煩嗎？是的，必然如此。然而如同任何變化一樣，團隊遲早會習慣它。更重要的是，客戶會對此表示感謝。而且最終，業務將會因為它而明顯提升。

71

從「笨拙」到「天生適合上鏡頭」

在結束同行旅程之前，我想和你分享最後一個故事，它代表「擁抱混亂」所代表的一切。

有一次，一間大型房地產公司聘請我，訓練房仲改善鏡頭上的溝通表現。為了進行訓練，我們帶著影片團隊前往對方嘗試銷售的一處高檔不動產物件。我們決定拍攝影片展示這座莊園的各個區域，這樣能達到一石二鳥之效，既能訓練人員表現，又能拍攝行銷影片。

在我向對方團隊說明過影片表現的 3 大基本原則（別停下來、你可以再做一次、微笑 3 秒鐘）之後，我們走到莊園的一座湖畔，打算讓其中一位仲介（姑且稱她為「珍」吧）在鏡頭前說明這座湖的不同特色。

開始錄影後不到 30 秒，珍停止了介紹，她說：「糟

糕，我搞砸了。我可以從頭來過嗎？」

我立刻坦率地回應：「珍，我們的原則很簡單。無論發生什麼事，別停下來。我知道這聽來可能很怪，你現在可能覺得很不自在，但是你必須相信我。好了，這一次繼續往下說，別停下來。」

珍的反應很典型。「可是，你不懂啦，我在鏡頭前就是很笨拙。」

我露出大大的笑容，回答道，「沒關係，珍。但是這一次，別停下來。」

她表示同意，接著繼續拍影片。儘管在她眼中它並不完美，但是她完成了。在接下來的 1 個小時內，我們持續錄製這座莊園不同區域的影片，而珍是鏡頭中的主要仲介人員。將近一小時後，我們順利完成了一段錄影，其中珍連續拍了 3 支影片，每支都是一次就拍攝成功。

她拍得很順。突然間，她露出燦爛的笑容，看著我說，「馬可仕，我想我可能天生就適合上鏡頭！」

珍，你真棒！現在你已踏上視覺銷售的旅程。親愛的讀者，希望你也跟珍一樣。

國家圖書館出版品預行編目資料

最強影片行銷71堂課：紐約時報讚譽的網路行銷大師，教你完美運用
影片拓展銷售藍海/泰勒.雷薩德, 馬可仕.薛萊登著 ; 陳筱宛譯. -- 初版.
-- 臺北市 : 城邦文化事業股份有限公司商業周刊, 2021.06
296面 ; 14.8×21 公分.
譯自：The visual sale : how to use video to explode sales, drive
marketing, and grow your business in a virtual world

ISBN 978-986-5519-39-1（平裝）

1.網路行銷　2.視覺傳播

496　　　　　　　　　　　　　　　　　　　　　110004441

最強影片行銷71堂課

作者	泰勒‧雷薩德、馬可仕‧薛萊登
譯者	陳筱宛
商周集團榮譽發行人	金惟純
商周集團執行長	郭奕伶
視覺顧問	陳栩椿
商業周刊出版部	
總編輯	余幸娟
責任編輯	盧珮如
封面設計	Atelier Design Ours
內頁排版	邱介惠
出版發行	城邦文化事業股份有限公司-商業周刊
地址	104台北市中山區民生東路二段141號4樓
傳真服務	（02）2503-6989
劃撥帳號	50003033
戶名	英屬蓋曼群島商家庭傳媒股份有限公司城邦分公司
網站	www.businessweekly.com.tw
香港發行所	城邦（香港）出版集團有限公司
	香港灣仔駱克道193號東超商業中心1樓
	電話：(852)25086231　傳真：(852)25789337
	E-mail：hkcite@biznetvigator.com
製版印刷	鴻柏印刷事業股份有限公司
總經銷	聯合發行股份有限公司　電話：(02) 2917-8022
初版 1 刷	2021年6月
定價	380元
ISBN	978-986-5519-39-1（平裝）
電子書檔案格式：PDF、EPUB	

The Visual Sale: How to Use Video to Explode Sales, Drive Marketing, and Grow Your Business
in a Virtual World©2020 by Marcus Sheridan and Tyler Lessard
Complex Chinese Translation copyright© 2021 by Business Weekly,
a division of Cite Publishing Ltd.
Published by special arrangement with Ideapress Publishing in conjunction with their
duly appointed agent 2 Seas Literary Agency and co-agent The Artemis Agency
ALL RIGHTS RESERVED

金商道

*The positive thinker sees the invisible, feels the intangible,
and achieves the impossible.*

惟正向思考者，能察於未見，感於無形，達於人所不能。 —— 佚名